平面设计与制作

突破平面

AI 版 Photoshop
设计与创意剖析

李思燃 王学谦 李英琦 / 编著

清华大学出版社

北 京

内 容 简 介

本书是一本结合 AI 绘图与 Photoshop 进行设计的教程。书中通过大量的实例展示 AI 绘图与 Photoshop 的完美结合,全方位地讲解在 AI 绘图的基础上利用 Photoshop 2024 开展设计工作的完整流程。

本书涉及平面设计、电商设计、UI 设计、图像精修、插画设计、字体设计行业的应用,突出了 AI 绘图 +Photoshop 的便利性。全书案例均配备视频教程,并赠送实例的素材源文件,方便读者边看边学,成倍提高学习效率。

本书既适合 AI 绘图的探索者、Photoshop 初学者学习使用,又适合具有一定 Photoshop 使用经验的读者学习,同时本书也可以作为各大高校及相关培训机构的教材。

图书在版编目(CIP)数据

突破平面 AI 版 Photoshop 设计与创意剖析 / 李思燃,王学谦,李英琦编著 . —北京:清华大学出版社,2024.5

(平面设计与制作)

ISBN 978-7-302-66164-1

Ⅰ . ①突… Ⅱ . ①李… ②王… ③李… Ⅲ . ①图像处理软件 Ⅳ . ① TP391.413

中国国家版本馆 CIP 数据核字 (2024) 第 086707 号

责任编辑:陈绿春
封面设计:潘国文
责任校对:徐俊伟
责任印制:宋 林

出版发行:清华大学出版社
    网 址:https://www.tup.com.cn,https://www.wqxuetang.com
    地 址:北京清华大学学研大厦 A 座   邮 编:100084
    社 总 机:010-83470000   邮 购:010-62786544
    投稿与读者服务:010-62776969,c-service@tup.tsinghua.edu.cn
    质 量 反 馈:010-62772015,zhiliang@tup.tsinghua.edu.cn
印 装 者:三河市君旺印务有限公司
经 销:全国新华书店
开 本:188mm×260mm   印 张:11.75   字 数:360 千字
版 次:2024 年 7 月第 1 版   印 次:2024 年 7 月第 1 次印刷
定 价:79.00 元

产品编号:104180-01

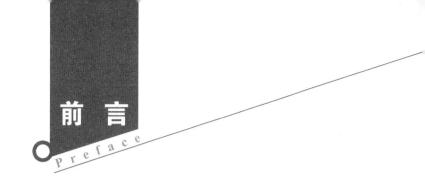

前　言
Preface

Photoshop是Adobe公司推出的一款专业的图像编辑和设计软件，主要用于对数字图像进行编辑、修复、优化和创作。Photoshop应用领域广泛，在当下热门的电商美工、平面广告、出版印刷、UI设计、网页设计、新媒体美工、产品包装、书籍装帧等方面都发挥着不可替代的重要作用。本书所使用的软件版本为Photoshop 2024。

一、编写目的

在AI技术如火如荼发展的当下，AI绘图已经成为设计师不可或缺的技能之一。基于AI出图的速度与能力，以及Photoshop强大的图像处理能力，我们力图结合当下热门行业的案例编写一本教程，介绍结合AI绘图与Photoshop图像处理来开展设计工作的方法和技巧，帮助读者逐步掌握并能灵活使用AI绘图和Photoshop 2024软件。

二、本书内容安排

本书共9章，不仅讲解AI绘图的方法，以及Photoshop 2024的使用技巧，还结合了平面设计、电商设计、UI设计、图像精修、插画设计、字体设计的行业案例，内容丰富，涵盖面广，可以帮助读者轻松掌握软件的使用技巧和具体应用。本书的内容安排如下。

章	内　容
第1章　迈入AIGC绘图时代	本章介绍AIGC绘图时代所带来的巨大影响
第2章　AI绘图工具	本章介绍AI绘图工具，包括Stable Diffusion、Midjourney与Photoshop的创成式填充
第3章　平面设计	本章讲解利用AI绘图与Photoshop开展平面设计的流程
第4章　电商设计	本章介绍利用AI绘图+Photoshop进行电商设计的流程
第5章　UI设计	本章介绍以AI绘图为辅，Photoshop排版为主的UI设计全流程
第6章　图像精修	本章介绍将AI绘图图像导入Photoshop进行精修的操作方法
第7章　插画设计	本章介绍在AI绘制插画的基础上，利用Photoshop添加装饰元素，完成插画设计的方法
第8章　字体设计	本章介绍利用AI绘制背景图，再由Photoshop制作创意字体的方法
第9章　综合实例	本章结合前面所学的内容，以实例的方式介绍以AI绘图+Photoshop图像处理的方法进行设计工作的方法

三、本书写作特色

本书以通俗易懂的文字，结合精美的创意实例，全面、深入地讲解AI绘图与Photoshop 2024的操作方法。总的来说，本书有如下特点。

■ 由易到难，轻松学习

本书以AI绘图为辅、Photoshop为主的方式，介绍行业案例的制作方式，涵盖面广，可满足绝大多数用户的设计需求。

■ 全程图解，一看即会

全书使用全程图解和示例的讲解方式，以图为主、文字为辅。通过辅助插图帮助读者快速掌握。

■ 知识点全，一网打尽

除了基本内容的讲解，书中安排了技巧提示，用于对相应概念、操作技巧和注意事项等进行深层次解读。

四、配套资源下载

本书的配套素材、教学文件请扫描右侧的配套资源二维码进行下载。

如果在配套资源的下载过程中碰到问题，请联系陈老师邮箱chenlch@tup.tsinghua.edu.cn。

配套资源

五、作者信息和技术支持

本书由吉林动画学院设计与产品学院李思燃、王学谦和李英琦编著。在编写本书的过程中，我们以科学、严谨的态度，力求精益求精，但疏漏之处在所难免，如果有任何技术上的问题，请扫描右侧的二维码，联系相关的技术人员解决。

技术支持

编者

2024年5月

目 录
Contents

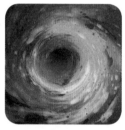 

 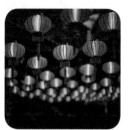

第4章　电商设计 ················ 44

第5章 **UI设计** ···················· **67**

第6章 **图像精修** ·············· **86**

第7章 插画设计 ················ 102

迈入 AIGC 绘图时代

AIGC（Artificial Intelligence Generated Content）即生成式人工智能，技术的核心思想是利用人工智能算法生成具有一定创意和质量的内容。通过训练模型和大量数据的学习，AIGC可以根据输入的条件或指导，生成与之相关的内容，例如，通过输入关键词、描述或样本，AIGC可以生成与之相匹配的文章、图像、音频等。

1.1 AIGC绘图

AIGC绘图是指利用人工智能生成的算法和模型，让计算机自动生成绘画作品的技术。相比于传统的绘画方式，AIGC绘图可以在不需要人工干预的情况下，快速生成各种类型的绘画作品，具有高效、多样性和创新性等特点。

1.1.1 AIGC绘图概述

AIGC绘图的技术基础主要是深度学习和计算机视觉。通过将大量的绘画数据集输入到深度神经网络中进行训练，让计算机能够学习并理解各种不同类型的绘画作品，进而自主地生成新的绘画作品。同时，计算机视觉技术可以帮助计算机感知绘画元素，包括色彩、线条、形状等，如图1-1所示，进一步提高绘画生成的质量。

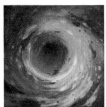

图1-1

1.1.2 AIGI绘图应用的领域

AIGC绘图应用的领域广泛，例如美术教育、平面设计、游戏开发、动画制作等。

在美术教育领域，AIGC绘图可以为学生提供更多样化、高质量的绘画作品，如图1-2所示，帮助他们快速提高绘画技能和水平。在平面设计中，AIGC绘图帮助设计师快速制作设计作品，如图1-3所示，以最快的速度表达创意构思。

图1-2   图1-3

在游戏开发中，AIGC绘图可以帮助设计师快速生成具有创意和美观的游戏画面，如图1-4所示，提高设计效率和质量。在动画制作领域，AIGC绘图可以快速生成动画帧，节省制作成本和时间，同时也可以帮助动画师设计新的角色（如图1-5所示）和场景等。

图1-4   图1-5

1.2 设计师与AIGC绘图

AIGC绘图被应用在多个设计领域，包括平面设计、电商设计、UI设计和插画设计等。设计师通过利用AIGC绘图，能更好地表达设计构思，快速地绘制设计图稿，加快作图速度，提高工作效率。

1.2.1 平面设计与AIGC绘图

在平面设计领域，利用AIGC绘制主图，再将主图放置在背景中，添加其他装饰元素，包括文字、线条等，完成海报（如图1-6所示）或者是画册（如图1-7所示）的制作。

图1-6　　　　　　　图1-7

需要注意的是，AIGC绘图的结果通常不能直接应用到平面设计领域，需要设计师对图像进行某种程度上的处理，如去除背景、修复瑕疵等。

1.2.2 电商设计与AIGC绘图

电商行业时常进行各种促销活动，如周年庆、节假日活动、新店开张等，为了宣传促销活动，需要制作大量的海报、Banner、主图、标签等。

设计师根据设计构思，利用AIGC绘图制作各类图形元素，包括背景、配饰等，最后利用专业的设计知识将各类图形元素进行合理排版，得到美观大方的设计作品。

图1-8和图1-9所示为电商Banner与促销标签的制作结果。利用AIGC绘图绘制部分元素，可以减轻设计师的工作负担，有助于设计师更快、更好地完成工作。

图1-8

图1-9

1.2.3 UI设计与AIGC绘图

在UI设计领域，涉及的内容包括图标、App界面、Web页面以及营销长图等。利用AIGC绘图绘制图标方便快捷，如图1-10所示。设计师输入关键词，限定图标的类型、风格、背景等，根据出图结果调整关键词，重复操作，最终使结果符合用户的使用需求。

通过AIGC绘图绘制矢量插画，可以制作App启动页。设计师在页面上添加标题文字、按钮等，就可以完成启动页的绘制，如图1-11所示。

图1-10　　　　　　　图1-11

1.2.4 插画设计与AIGC绘图

插画以简洁的线条、生动活泼的形象、素雅或鲜艳的色彩获得大多数人的喜爱。利用插画传达某类信息，容易获得人们的青睐。利用AIGC绘图绘制插画，通过限定画面内容，如对象、背景、风格、色调等，绘制某种风格的插画，并将其应用到宣传海报、广告等其他多个领域。

图1-12所示为冬季保暖指南海报，使用AIGC绘图绘制人物与周围的绿色植物，设计师添加背景与标题，即可完成海报的绘制。

图1-12

矢量风格的插画常常被运用到电商的宣传广告中，如图1-13所示。利用AIGC绘制矢量插画时，需要在关键词中添加风格限定词。设计师通过整理、编辑出图结果，添加必要元素后完成运营插画的绘制，最终将其应用到实际工作中。

图1-13

1.3 AIGC绘图的局限性

AIGC绘图在多个领域拥有广泛的应用前景，本身的优点显而易见，包括出图速度快、图像类型多样化、质量精美等。但是AIGC绘图的出图结果并不完全符合所有人的审美标准，难以准确地传达情感或创意，几乎所有出图结果都需要设计师后期处理才能应用到实际的工作中去。

AIGC绘图有如下局限性。

1. 无法准确理解信息内容

对于用户输入的关键词，包括文本信息、特定标识、行业术语、地域文化等，AIGC绘图无法准确理解，导致绘图结果与用户的设想大相径庭，如在局部细节或画面逻辑上出错，无法对空间、布局、色彩、造型等内容进行精细化的控制或生成，需要用户多次调整关键词，才勉强得到比较准确的出图结果。

2. 不支持图层或多通道

AIGC绘图的出图结果均为图像文件，用户无法对某一部分进行独立调整。假如出图结果中包含图层和通道，能极大提高可编辑性，方便用户灵活运用。

3. 缺乏共识与创造性

AIGC绘图的出图结果具有不可避免的刻板与生硬，尤其是当画面中出现多个元素时，各元素相互之间缺乏沟通，无法灵活互动，无法像人类一样为画面赋予丰富的情感，难以引起共识，缺乏创造性。

4. 版权模糊

AIGC绘图利用关键词出图，还具备图生图的功能，虽然提高了出图的便利性，却导致市场一片混乱，相似的图像层出不穷，版权界限模糊，缺乏法律意识，难以寻求法律保护。

随着AIGC绘图技术的不断发展，应用的领域日益广泛，为了更好地规范市场发展，应逐步完善保障AIGC绘图良性发展的法律法规体系，建立法律准入体系。

开展针对AIGC绘图模型市场准入方面的法律法规研究，从而明确AIGC绘图技术服务、内容传播与技术应用相关方面的法律和社会责任。同时，鼓励立法研究的多方参与、监管手段的分级分类、行业治理的公私合作，使AIGC绘图技术能更好地为人类提供服务。

第
2
章

AI 绘图工具

本书使用到的AI绘图工具包括Stable Diffusion、Midjourney、Photoshop的创成式填充。利用这三款工具，可以完成大部分的设计工作，是设计师不可或缺的帮手。本章将对这三个工具进行介绍。

2.1 Stable Diffusion

Stable Diffusion是一款基于深度学习技术开发的软件，可以根据关键词生成高质量的图像。此软件一经推出便广受关注，是设计师不可多得的实用工具。

2.1.1 Stable Diffusion简介

Stable Diffusion的核心技术是基于最先进的深度生成模型和神经网络实现的。该软件独有的算法集成了大量的现代计算机视觉技术，可以通过智能分析，准确地理解输入的关键词，并将其转化为精美的图像，如生成书籍封面、商业广告宣传海报等，提高用户的工作效率。

Stable Diffusion的优势在于图像输出的清晰度和真实感，这要归功于软件的高质量图像渲染引擎。用户只需要输入关键词，就可以得到令人满意的图像，拓展了用户的创作想象力，帮助用户更好地表达自己的创意想法。

Stable Diffusion还具有良好的可定制性。用户可以根据自身需求，灵活地进行调整。通过选择不同的风格创造自己独特的作品。软件的使用方法简单，用户可快速上手。

2.1.2 启动Stable Diffusion

下载安装启动器后将其启动，在启动器的右下角单击"一键启动"按钮，如图2-1所示。等待片刻，系统会执行下一步骤的操作。

图2-1

接着弹出如图2-2所示的控制台窗口，窗口中的数据不断跳动更新，显示系统正在读取数据，进行启动前的准备工作。

图2-2

启动准备就绪后，打开网页，显示如图2-3所示的界面。这里需要注意的是，Stable Diffusion与常规的应用程序不同，不需要通过安装包来安装，然后通过双击程序图标来运行。在网页界面中就可以完成参数设置、出图等操作。

图2-3

2.1.3 利用Stable Diffusion创作图像

在网页界面的左上角，展开"稳定扩散模型"与"外挂VAE模型"列表，在其中选择模型。系统有默认的模型可选，用户也可以从网络上下载指定类型的模型，将其添加进来即可随时调用。限于篇幅，无法在此逐一介绍各类模型对应的出图效果，还请读者多多尝试，了解不同模型的属性，能极大提高出图速度与质量。

选择"文生图"选项，输入提示词。在文本框的下方单击"一键翻译所有关键词"按钮，如图2-4所示，可以将中文关键词翻译成英文。

图2-4

稍等片刻，系统的翻译结果如图2-5所示。

图2-5

如果用户的英文水平较高，可以直接输入英文关键词。输入逆向词，系统会自动识别用户输入的字母，并在弹出的列表中显示与字母相匹配的单词，如图2-6所示，选择合适的单词即可，如图2-7所示。

重复操作，继续输入逆向词，如图2-8所示。逆向词描述的是用户不希望在画面中出现的对象

或情况，如人、车辆、模糊、噪点等。

图2-6

图2-7

图2-8

采样方法随着Stable Diffusion的更新换代逐渐增多，选择其中一种即可，如图2-9所示。每一种采样方法的效果会各有差别，请读者亲自尝试操作，体验不同采样方法带来的绘图效果。

图2-9

默认图像的尺寸为正方形，用户可以自定义，但是尺寸越大，出图的时间也越长。"单批数量"默认为1，如图2-10所示，表示每次只绘制一张图。可以增加绘图数量，但是系统运行需要占用的资源也相对较多。

图2-10

参数设置完成后，单击右上角的"生成"按钮，等待系统出图即可。经过多次出图，从中选择一张效果较好的图在此展示，如图2-11所示。

图2-11

最后，Stable Diffusion的运行需要较好的计算机配置环境，包括处理器、内存和显卡等。配置较高的计算机，运行Stable Diffusion时也会更顺畅。

2.2 Midjourney

Midjourney通过识读用户提供的关键词，综合运用系统储存的知识库，为用户绘制图像。强大的绘图能力使Midjourney一经推出便广受欢迎，本节介绍Midjourney相关的知识，包括注册登录、添加服务器以及关键词模式。

2.2.1 Midjourney简介

Midjourney是一款2022年3月面世的AI绘画工具，创始人是David Holz。只要输入想到的文字，就能通过人工智能创造相对应的图片，耗时只有大约一分钟。推出beta版后，这款搭载在Discord社区上的工具迅速成为讨论焦点。

Midjourney可以选择不同画家的艺术风格，例如安迪华荷、达·芬奇、达利和毕加索等，还能识别特定镜头或摄影术语，包括画面的色调、人物的表情、服装等，用户都可以自定义。

与谷歌的Imagen和OpenAI的DALL.E不同，Midjourney是第一个利用AI智能生成图像并开放给予大众申请使用的平台。

Midjourney生成的作品往往带有人为制作的痕迹，有时会出现明显的错误，如人物的手指出现三个、六个等。用户输入关键词，如"一盘刚刚出炉的烤面包"，稍等片刻，AI智能机器人会根据内容创作四张图像供用户选择。

2.2.2 登录Midjourney

在浏览器中输入www.Midjourney.com/home（Midjourney官网），按Enter键进入网站，显示网站首页，如图2-12所示。

图2-12

单击右下角的"加入测试版"或"登入"按钮，加入Midjourney。如果已经注册Midjourney，单击这两个按钮都可以直接进入Midjourney界面。

需要注意的是，Midjourney与传统的应用程序不同，无须用户下载安装包，并执行安装、注册、启动这套流程才可以使用。

Midjourney搭载在一款名为Discord的社交软件中运行。Midjourney其实是智能机器人。

应用程序中常常有客服机器人在提供服务，可以随时随地，或者定点定时地向用户推送消息，或者接收用户消息，解答用户的疑惑。

Midjourney就是这种类型的客服机器人。

不同的是，Midjourney的功能是绘图，可以根据用户输入的指令来绘制图像。

在浏览器中输入discord.com并按Enter键，进入Discord官网，如图2-13所示。

图2-13

单击"Windows版下载"按钮，将Discord下载至计算机中，安装使用即可。或者单击"在您的浏览器中打开Discord"按钮，使用网页版本的Discord，无须下载安装。

进入Discord界面，如图2-14所示。此时，新用户需要注册一个账号，才可以进行下一个步骤。

图2-14

2.2.3　创建服务器

注册完成之后，用户需要创建属于自己的服务器。可以将服务器理解成我们在社交软件中创建的"群"，服务器的功能与"群"的功能类似。单击界面左侧工具栏中的"添加服务器"按钮，按照系统的提示进行操作，如图2-15所示，即可完成创建。

图2-15

单击"亲自创建"按钮，进入下一步。

单击"仅供我和我的朋友使用"按钮，进入下一步。

输入服务器名称，单击"创建"按钮即可。

创建属于自己的服务器后，可以在工具栏中找到创建的服务器，如图2-16所示。

图2-16

接下来，用户需要去寻找Midjourney机器人。

将机器人添加至用户的服务器中，用户对机器人下达指令，使机器人按照指令来绘制图像。

单击界面左侧工具栏的"探索可发现的服务器"按钮，进入服务器界面，在这里可以看到各种类型的服务器。排在首位的是Midjourney的官方服务器，如图2-17所示。

图2-17

要添加Midjourney机器人，首先需要进入官方服务器。当用户单击服务器图标试图进入时，可能会出现无法进入的情况。原因是在线人数太多，系统需要时间来响应。

如果无法顺利进入官方服务器，可以在搜索栏中输入Midjourney，如图2-18所示，按Enter键开始搜索。

稍等片刻，界面中显示搜索结果，如图2-19所示。界面中的服务器都包含Midjourney机器人，选择一个人数较少的进入即可。

图2-19

图2-18

图2-20所示为Midjourney官方服务器的界面，在右侧列表中找到Midjourney机器人。

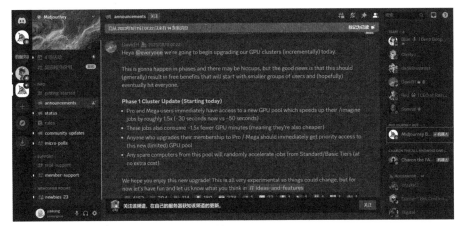

图2-20

单击机器人，在弹出的窗口中单击"添加APP"按钮，如图2-21所示。

继续在弹出的窗口中单击"添加至服务器"按钮，在列表中选择服务器，单击"继续"按钮，如图2-22所示，即可将Midjourney机器人添加到指定的服务器中。

返回用户的服务器，此时在右侧的列表中可以看到Midjourney机器人，如图2-23所示。这时，用户就可以开始与Midjourney机器人对话，让其帮助用户绘图。

在下方的文本框中输入"/"，在弹出的列表中选择"/imagine prompt"选项，如图2-24所示。

图2-21

图2-22

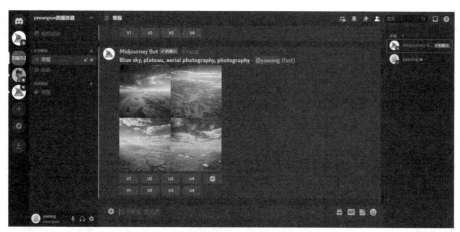

图2-23

图2-24

接着输入画面关键词，如图2-25所示。不熟悉英文的用户，可以通过翻译软件将中文关键词翻译成英文。

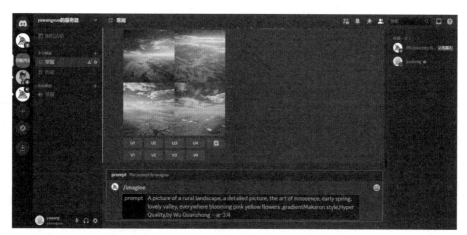

图2-25

确认关键词无误后，按Enter键，Midjourney开始绘图。稍待片刻，查看绘图结果，如图2-26所示。默认情况下，Midjourney根据关键词每次绘制四张图像供用户选择。

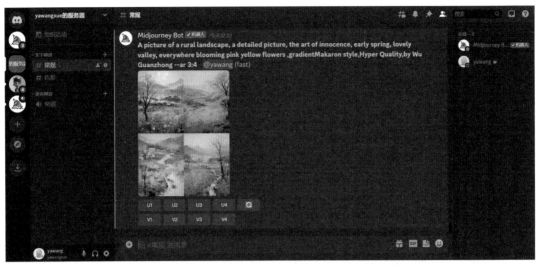

图2-26

2.2.4 关键词模式参考

关键词的输入模式如表2-1所示。表格仅提供参考，并非固定模式。用户熟练掌握Midjourney的使用方法后，就可以按照自己的创意构思来输入关键词。

表2-1 关键词模式

项　　目	说　　明
类型	如水彩画、插画、漫画、水墨画等
主体	描述图片里的主体，细节越多越好。假如没有描述清楚细节，Midjourney会随机绘制。①Who（谁）：如果是人物，描述性别、样貌、表情、衣着等；②What（什么）：如果是实物，输入实物名称、材质、颜色、大小等
环境	①背景：纯色背景，以颜色为主；渐变风景，如室内、街景等。 ②灯光：光从何处投射到主体，如侧光、背光灯；光的类型，如灯光、阳光等。 ③天气：假如是室外场景，添加天气描述会使图像更加自然。 根据主体来描述环境，可以使主体与环境更协调，出图效果更好。如果暂时无法描述，或者图像不需要特别背景，可以不填，等待Midjourney自行生成
构图	指定画面的构图方式，如对称、居中、水平、特写、鸟瞰等。相同的主体和环境，不同的构图会得到效果不同的图像
拍摄媒介	如果图像的风格是纪实摄影，可以指定拍摄媒介，如相机型号、镜头、光圈等
图像风格	①When（何时）：什么年代的风格？古代、50年代、80年代等。 ②Who（谁）：指定艺术家或艺术组织的风格，如梵高、野兽派等。 ③What（什么）：什么艺术类型的风格，或者什么艺术运动的风格，如漫画、水墨画、抽象表现主义、未来主义等
参数	与照片的参数相似，如清晰度、比例等，如高分辨率、超高清、1：2、3：4、5：3等

以上述的关键词模式为参考，自行输入关键词，绘制一幅睡觉猫咪水彩插画，关键词分析如表2-2所示。

表2-2 水彩插画关键词分析

项 目	Prompt（关键词）	说 明
类型	Watercolor illustration	水彩插画
主体	A sleeping cat	一只睡觉的猫咪
背景	White background	由于水彩通常都在白纸上绘制，因此指定为白色背景。可以指定其他类型的背景
构图	/	可以不填，任由Midjourney自由创作
风格	Ghibli Studio	吉卜力工作室风格。可以添加自己喜欢的艺术家风格
参数	High Detail，Hyper Quality，Super Clarity 4:3	高细节，高品质，超清晰，4：3

完整的Prompt：Watercolor illustration，A sleeping cat，White background，Ghibli Studio，High Detail，Hyper Quality，Super Clarity，--ar 4:3，--niji 5。

上述关键词的出图效果如图2-27所示。

其中--ar表示图像的比例，在ar前需要--连接。niji 5是Midjourney中的卡通动漫模型，可以使图像效果倾向于卡通动漫风格，以--连接。

如果限定猫咪的品种，如white cat（白猫），Midjourney会根据关键词来调整出图效果，如图2-28所示。此外，还可以通过调整关键词来更改图像效果，如画面风格、背景、构图等。

图2-27   图2-28

2.3 Photoshop创成式填充工具

创成式填充工具是Photoshop开发的AI绘图工具。利用该工具可以执行多项操作，包括扩充背景、添加对象、删除对象等，本节介绍操作方法。

2.3.1 扩充背景

在Photoshop中打开一张图像，使用"裁剪工具"🔲扩大图像背景，如图2-29所示。使用"矩形选框工具"🔲，沿着图像的边缘绘制矩形选框，按快捷键Ctrl+Shift+I反选。

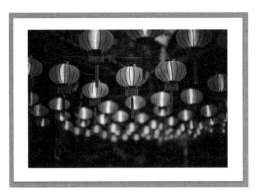

图2-29

在上下文任务栏中依次单击"创成式填充"和"生成"按钮，如图2-30所示。

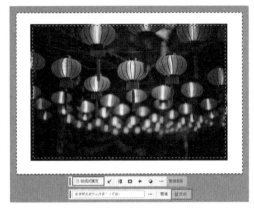

图2-30

弹出进度对话框，如图2-31所示。操作完毕后，在"属性"面板中显示三个填充结果，如图2-32所示，选择效果最好的即可。假如不满意生成结果，可以单击"生成"按钮，重新进行扩展填充操作。

图2-31   图2-32

图像扩充的结果如图2-33所示。在"图层"面板中，创成式填充图层可以执行开/关操作，随时恢复图像的本来状态。

图2-33

2.3.2　更改背景

选择人物背景，在上下文任务栏中单击"创成式填充"按钮，接着在文本框中输入classroom，指定背景环境，如图2-34所示。

图2-34

单击"生成"按钮，等待系统执行填充操作，完成后从中选择一个合适的背景，效果如图2-35所示。

图2-35

在"属性"面板中的"提示"参数栏下显示当前环境的类型，如图2-36所示。在其中重新输入环境关键词，单击"生成"按钮，即可再次生成指定类型的环境。

在"图层"面板中，创成式填充图层自带图层蒙版，如图2-37所示。按住Ctrl键单击蒙版缩略图，可以创建背景选区，方便用户再次进行填充操作。

图2-36　　　　　图2-37

2.3.3　添加物体

　　使用"矩形选框工具" 在天空中绘制一个矩形选区，单击上下文任务栏中的"创成式填充"按钮，接着输入aircraft，单击"生成"按钮，即可在选区内生成描述的内容，即一架飞机，如图2-38所示。

图2-38

　　假如希望生成其他内容，可以输入关键词，如bird、Hot air balloon、moon、sun等。

2.3.4　删除物体

　　利用"套索工具" 绘制选区框选天空中的热气球，在上下文任务栏中依次单击"创成式填充"和"生成"按钮，系统会自动识别选区周围的环境执行填充操作，覆盖选区原本的面貌，结果如图2-39所示。此时选区内的热气球被全部删除，展现湛蓝洁净的天空。

图2-39

2.3.5　换装

　　利用"快速选择工具" 创建选区，框选人物的绿色上衣。在上下文任务栏中单击"创成式填充"按钮，接着在文本框中输入Striped Shirt（条纹衫），单击"生成"按钮，即可为人物换装，如图2-40所示。

图2-40

　　也可以生成其他类型的服装，如T恤、衬衫、毛衣、风衣等。

本章介绍平面设计的知识，包括海报设计、展板设计、包装设计以及版式设计。在制作设计方案的过程中，引入AI绘图技术，即Stable Diffusion。利用Stable Diffusion可以根据关键词生成图像，节约制作素材的时间，提高工作效率。

3.1 平面设计的分类

平面设计的范围广泛，本节选择其中四个门类进行介绍，包括海报设计、展板设计、包装设计及版式设计。

3.1.1 海报设计

海报设计是根据设计方案，设计师在版面上对文字、色彩、图形等元素进行编排，表达广告诉求或传播指定内容，如图3-1所示。如商业海报需要传达商品信息，引导受众购买；公益海报不以营利为目的，只是向社会大众传播某方面积

图3-1

极的内容，如保护地球、珍惜水源等。

3.1.2 展板设计

设计师结合创意理念与编排技法，以逼真的产品照片、富有趣味的广告文字、色彩鲜明的图形制作展板，如图3-2所示，达到吸引受众、推介商品、促进消费的目的。

图3-2

3.1.3 包装设计

包装是为了保护商品在流通过程中免受损害，包装设计是为了让商品有辨识度，方便消费者在琳琅满目的商品中快速定位某类商品并进行选购。设计师在综合考虑商品属性的基础上提出设计方案，以醒目的企业LOGO、鲜明的商品名称、活泼灵动的装饰元素制作商品包装，如图3-3所示，建立商品独特性，提高消费者的接受程度，达到销售商品的目的。

图3-3

3.1.4 版式设计

在指定尺寸的版面内，设计师根据主题与视觉需求，运用形式原则，将文字、图形等元素进行有组织、有目的地编排，如图3-4所示，清晰地体现内容的主题思想，增强读者的注意力与理解力。

图3-4

3.2 海报设计：房地产海报

在本节中，介绍利用Stable Diffusion与Photoshop合作绘制房地产海报的过程。首先，在Stable Diffusion中利用关键词生成一张背景图。在Photoshop中调整背景图的尺寸，添加装饰素材与文字，完成海报的绘制。

3.2.1 在Stable Diffusion中生成城市夜景底图

首先需要在计算机中安装Stable Diffusion绘图工具，启动后显示如图3-5所示的界面，在该界面中，可以执行文生图、图生图、先进处理等操作。

图3-5

　　需要注意的是，由于汉化的原因，可能会出现选项名称不一致的情况，但是选项的使用方法与操作结果不会改变。

 由于篇幅原因，在此仅显示界面的上半部分。界面的其他部分在需要使用时会截图展示。

▶01 选择"文生图"选项卡，在"正向提示词"文本框的右下角输入文字，如图3-6所示。

图3-6

 有的用户会发现自己的界面没有显示实时翻译扩展插件，这是因为计算机中没有安装插件。在网络上下载该插件后进行安装即可在界面中显示。

▶02 文字输入完毕后按Enter键，稍等片刻，系统会翻译成英文，并在文本框中显示翻译结果，如图3-7所示。

图3-7

▶03 在"反向提示词"文本框的右下角输入文字，如图3-8所示。

图3-8

 反向提示词（逆向词）描述不希望在画面中出现的效果，如黯淡、模糊、不成比例、噪点等。输入反向提示词（逆向词）后，系统在生成图像时会规避这类缺点。

▶04 按Enter键，系统将汉字翻译为英文，如图3-9所示。

图3-9

▶05 默认情况下，"迭代步数"为20。参数值越高，图像越精细，需要占用的系统内存以及时间更多。

在"采样方法"中选择一项，如"DPM++ SDE Karras"。"宽度""高度"值默认是512×512，按照情况进行更改。其他参数保持默认，如图3-10所示。

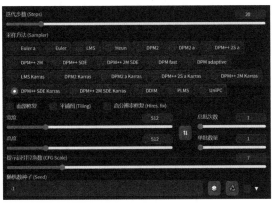

图3-10

▶06 在界面下方显示如图3-11所示的其他参数栏，因为本节不涉及，所以在此不赘述。

图3-11

 Stable Diffusion对计算机的性能有要求，在设置参数时需要慎重考虑。计算机显卡内存在8GB或以下的情况时，先尝试以默认参数来跑图。内存10GB或更高，可以适当地提高参数值。

▶07 单击界面右上角的"生成"按钮，如图3-12所示。

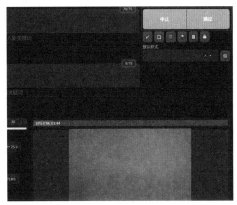

图3-12

▶08 稍等片刻，系统开始执行生成操作，在图

像窗口的上方显示进度条，并可实时预览生成过程，如图3-13所示。

图3-13

▶09 进度条显示为95%时，就已经可以预览生成效果，如图3-14所示。

图3-14

▶10 等待进程结束，图像显示在窗口的左上角，单击图片可以放大观察。单击下方第一个文件夹按钮，如图3-15所示，可以定位至图像的存储文件夹。

图3-15

提示 需要注意的是，生成的图像并不总是符合用户使用需求。用户需要调整参数，如变更关键词、采样器类型、种子数等，多次跑图，才能得到满意的效果。

▶11 在图像存储文件夹中，显示用户每次跑图的结果，如图3-16所示。选择最满意的一张图，如图3-17所示，在此基础上进行海报绘制工作。

图3-16

图3-17

提示 在本节中，笔者一共输出数十张图像，才选中合适的一张。请读者在掌握操作方法后，不厌其烦地多次练习，越熟练越能快速地输出理想的图像。

3.2.2 调整背景图尺寸

▶01 启动Photoshop应用程序，执行"文件"|"新

建"命令，参数设置如图3-18所示，新建一个空白文档。

图3-18

▶02 将生成的图像拖放至文档中，如图3-19所示。

图3-19

▶03 选择图像，按快捷键Ctrl+T，进入自由变换模式，调整图像的尺寸，如图3-20所示。

▶04 将图像往下移动，如图3-21所示。

图3-20　　　　　　图3-21

▶05 在"图层"面板中关闭"背景"图层，选择"矩形选框工具" ⬚，在图像的上方绘制选框，如图3-22所示。

图3-22

▶06 在上下文任务栏中不输入任何指令，单击"创成式填充"按钮，再单击"生成"按钮，即可扩充背景。选择合适的扩充结果，如图3-23所示。

图3-23

3.2.3 添加素材

▶01 将前景色设置为黑色，背景色设置为白色。选择"渐变工具" ，选择"经典渐变"类型，选择"从前景色到透明渐变" ，单击"线性渐变"按钮 ，从上往下拖曳光标绘制渐变，如图3-24所示。

图3-24

▶02 打开"纹理.png"素材，将其放置在画面上方，如图3-25所示。

图3-25

▶03 打开"钟表.png"素材，将其放置在"纹理"图层下方。光标放置在两个图层的连接处，按住Alt键单击，创建剪贴蒙版，结果如图3-26所示。

图3-26

▶04 打开"数字.png"素材，将其放置在钟表的中间，如图3-27所示。

图3-27

▶05 添加"光亮.png"素材，放置在钟表的下方，如图3-28所示。

▶06 选择"横排文字工具" **T**，选择合适的字体与字号，在画面中输入白色文字，如图3-29所示。

图3-28　　　　　图3-29

▶07 选择"矩形工具" ▢，在文字的上方绘制白色的边框，如图3-30所示。

图3-30

▶08 选择矩形，添加图层蒙版，利用黑色画笔在蒙版上涂抹，隐藏矩形的部分区域，结果如图3-31所示。

图3-31

▶09 选择文字与矩形，按快捷键Ctrl+G创建组。选择在步骤2中添加的纹理素材，按快捷键Ctrl+J复制两份，放置在组的上方，并创建剪贴蒙版，为文字添加纹理的效果如图3-32所示。

图3-32

▶10 继续在画面的右上角输入文字，如图3-33所示。

图3-33

▶11 选择"敬请期待"文字，为其添加蒙版，利用黑色画笔在蒙版上涂抹，为文字添加阴影效果，如图3-34所示。

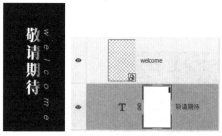

图3-34

▶12 在画面的左上角添加企业LOGO，并为其赋予纹理效果，如图3-35所示。

▶13 在画面中添加光晕作为点缀，完成房地产海报的绘制，结果如图3-36所示。

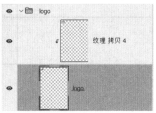

图3-35

图3-36

3.3 展板设计：七夕节促销展板

本例绘制七夕节促销展板。在前期的设计方案中，将背景图选定为卡通风格，主色调为深蓝色，人物包括牛郎、织女，辅助素材为明月、孔明灯。在明确这些内容后就可以在Stable Diffusion中输入关键词，经过多次跑图后选择最合适的一张。最后在Photoshop中添加装饰元素与文字，完成排版。

3.3.1 在Stable Diffusion中创建与编辑七夕节卡通背景

▶**01** 启动Stable Diffusion，在"正向提示词"文本框的右下角输入关键词"卡通风格，深蓝色背景，在画面上方，天空云雾缭绕，一轮明月悬挂天际，孔明灯在空中飘浮，牛郎织女相互偎依，宽袍广袖，飘带飞舞，高分辨率"。按Enter键，等待系统翻译成英文，如图3-37所示。

▶**02** 在"反向提示词"文本框的右下角输入关键词"模糊，多手多脚，失真"，按Enter键，系统翻译成英文的结果如图3-38所示。

图3-37

图3-38

提示 在"反向提示词"文本框中输入"多手多脚"，是为了规避图像中的人物出现解剖学错误的情况。在生成风景类图像，或者没有人物的图像时，可以不必输入该提示词。

▶**03** 其他参数的设置请参考3.2.1节中的介绍。

▶**04** 单击右上角的"生成"按钮，静待系统出图。经过多次跑图，展示比较符合预想的其中四张，如图3-39所示。从中选择一张图像作为案例背景图。

图3-39

▶05 选择第一张图像为案例用图。发现清晰度不够，这时可以对其进行清晰处理，使图像质感更佳。

▶06 选择"先进处理"选项卡，在"来源"窗口中单击，如图3-40所示，在打开的对话框中选择待处理的图像。

图3-40

▶07 上传成功后在窗口中预览图像，如图3-41所示。

图3-41

▶08 单击图像下方的"升级器1"按钮，在展开的列表中选择插件，如图3-42所示。

图3-42

提示　　在列表中展示的插件用于提高图像的清晰度，有一些是系统默认提供的，用户可以自行下载其他的插件，并将其放置在指定的文件夹即可使用。

▶09 其他参数保持默认，单击"生成"按钮，如图3-43所示。

图3-43

▶10 在右侧窗口中显示进度，如图3-44所示。

▶11 处理完成后，在窗口中显示结果，如图3-45所示，单击图像可以放大观察。单击左下角的文件夹图标，可以打开存储图像的路径。

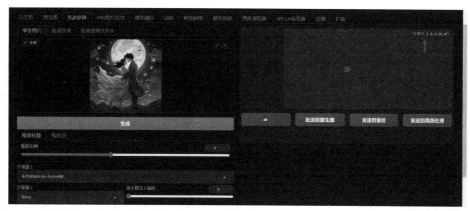

图3-44

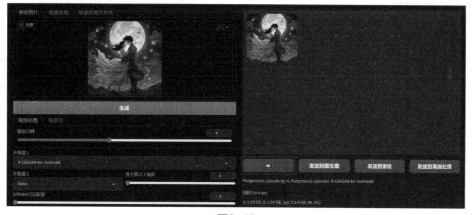

图3-45

3.3.2 编辑背景图像

▶01 启动Photoshop，在欢迎界面中单击"新文件"按钮，在"新建文档"对话框中设置参数，如图3-46所示。单击"创建"按钮，新建一个文档。

图3-46

▶02 将处理完毕的图像放置在画面的上方，调整尺寸与位置，如图3-47所示。

▶03 将前景色设置为深蓝色（#001335），按快捷键Alt+Delete填充前景色，如图3-48所示。

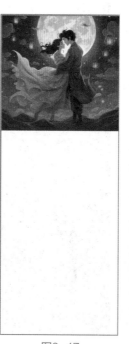

图3-47

图3-48

▶04 图像所在的图层为"图层1",为其添加图层蒙版。使用黑色画笔在蒙版上涂抹,使图像与背景相融合,如图3-49所示。

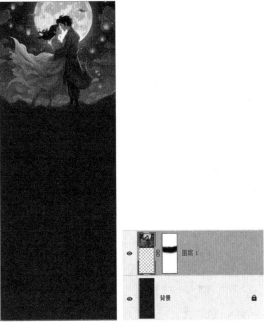

图3-49

3.3.3 排版元素与文字

▶01 选择"横排文字工具"**T**,选择合适的书法字体,颜色为浅黄色(#ffeda6),在图像的下方输入标题文字,如图3-50所示。

▶02 选择"套索工具",在标题文字的左上角绘制不规则选区,如图3-51所示。

▶03 新建一个图层。将前景色设置为红色(#a60000),按快捷键Alt+Delete为选区填充颜色,印章的绘制结果如图3-52所示。

▶04 选择"横排文字工具"**T**,选择合适的书法

字体,颜色为白色,在印章上输入文字,如图3-53所示。

图3-51

图3-52

图3-53

▶05 选择"矩形工具",绘制浅黄色(#ffeda6)矩形,如图3-54所示。

▶06 重复操作,绘制白色矩形,如图3-55所示。

图3-50

图3-54

图3-55

▶07 选择"矩形工具" ⬜，将填充色设置为红色（#a60000），描边为无，选择合适的圆角半径，拖曳光标绘制圆角矩形，如图3-56所示。

▶08 选择"横排文字工具" T，选择合适的字体，在画面中输入文字，如图3-57所示。

▶11 添加企业LOGO，并在LOGO右侧输入企业名称，如图3-60所示。

图3-60

▶12 添加祥云素材，错落布置在页面两侧，如图3-61所示。

▶13 最后添加光晕素材，完成展板的绘制，结果如图3-62所示。

图3-56　　　　图3-57

▶09 添加二维码素材，放置在合适的位置，如图3-58所示。

▶10 添加电话图标，放置在文字的左侧，如图3-59所示。

图3-61　　　　图3-62

图3-58　　　　图3-59

3.4　包装设计：国潮茶叶包装盒

本例介绍国潮茶叶包装盒的绘制方法。首先在Stable Diffusion中输入关键词，生成包装版面用图。再在Photoshop中对茶叶名称、装饰元素进行排版。需要注意的是，包装盒每个侧面的尺寸都不同，用户需要根据尺寸去编排版面，确保所有元素能清晰、美观地展示出来。

3.4.1 在Stable Diffusion中制作礼盒装饰图案

▶01 启动Stable Diffusion，在"正向提示词"文本框的右下角输入关键词"从黄至蓝渐变背景，国潮插画，青绿山水，祥云缭绕，一轮朝阳喷薄而出，凤凰翱翔空中"，按Enter键，翻译成英文的结果如图3-63所示。

图3-63

▶02 在"反向提示词"文本框的右下角输入关键词"卡通，模糊，比例不协调"，按Enter键将其翻译成英文，如图3-64所示。

图3-64

> **提示** 关键词可以自定义输入，本例仅提供参考。用户输入文字描述想要生成的画面，Stable Diffusion在理解文字的基础上生成图像。

▶03 经过多次跑图，在众多结果中选择适用的三张图，如图3-65所示。因为图像的清晰度不够，所以需要在Stable Diffusion进行再处理，提高图像的质感。

图3-65

▶04 选择"先进处理"选项卡，上传图像，在"升级器1"列表中选择插件，单击"生成"按钮，如图3-66所示。

▶05 在右侧窗口中显示生成结果，单击左下角的文件夹按钮，如图3-67所示，可以看到处理完成的图像。

▶06 使用同样的方法，继续对另外两张图像进行处理，提高清晰度。

图3-66

图3-67

3.4.2 绘制包装版面1

01 启动Photoshop，在欢迎界面中单击"新文件"按钮，在"新建文档"对话框中设置参数，如图3-68所示。单击"创建"按钮，新建一个文档。

图3-68

02 将处理清晰度后的图像拖入文档中，放置在合适的位置，如图3-69所示，关闭"背景"图层。

图3-69

03 选择"矩形选框工具"，选择要填充的区域，使用"创成式填充工具"进行填充。每填充一次，系统自动创建一个图层，在图像上方、左右两侧进行填充，结果如图3-70所示。

图3-70

> **提示** 用户可以通过打开/关闭"创成式填充"图层来观察填充前与填充后的效果。如果对填充效果不满意，可以在同一区域进行再次填充。

04 选择"横排文字工具"，选择粗壮的书法字体，在画面中输入商品名称，并单独调整文字的尺寸与位置，如图3-71所示。

图3-71

05 选择"文字"图层，双击打开"图层样式"对话框。添加"描边"样式，参数设置如图3-72所示。

图3-72

> **提示** 因为是色彩浓重的画面，所以此处选择粗壮的黑色书法字体，方便消费者辨识商品名称。

06 为文字添加白色描边的效果如图3-73所示。

07 选择"套索工具"，在"茶"字的右上角绘制不规则选区，如图3-74所示。

图3-73

图3-74

▶**08** 将前景色设置为红色（#bb0000），新建一个图层，按快捷键Alt+Delete填充前景色，模拟印章的效果，如图3-75所示。

图3-75

▶**09** 选择"横排文字工具" **T**，选择书法字体，颜色为白色，在印章上输入"中国茶"，如图3-76所示。

图3-76

▶**10** 继续在"茶"字下方输入拼音，如图3-77所示。

图3-77

▶**11** 选择"矩形工具" ▭，设置填充色为白色，描边为无，自定义圆角半径，拖曳光标绘制圆角矩形，如图3-78所示。

图3-78

▶**12** 选择"横排文字工具" **T**，选择黑体，在圆角矩形上输入合适大小的黑色文字，如图3-79所示。

图3-79

▶**13** 选择"直线工具" ╱，在文字之间的空隙绘制垂直黑色直线，如图3-80所示。

▶**14** 添加"曲线"调整图层，在曲线上创建锚点，并调整锚点的位置，如图3-81所示。

▶**15** 版面1的绘制结果如图3-82所示。

图3-80

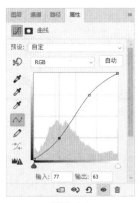

图3-81

图3-82

3.4.3　绘制包装版面2

▶01 启动Photoshop，在欢迎界面单击"新文件"按钮，在"新建文档"对话框中设置参数，如图3-83所示。单击"创建"按钮，新建一个文档。

▶02 将图像拖入文档中，放置在右侧，关闭"背景"图层，如图3-84所示。

▶03 选择"矩形选框工具" [::]，在文档的右侧绘制选区，如图3-85所示。在上下文任务栏中依次

单击"创成式填充"和"生成"按钮，等待系统进行填充操作。

图3-83

图3-84

图3-85

▶04 查看填充效果，如图3-86所示。

图3-86

▶05 选择右侧的图像，按快捷键Ctrl+J复制副本。水平翻转后移动至左侧，如图3-87所示。

图3-87

▶06 选择"矩形选框工具" [::]，在文档的中间绘制选区，如图3-88所示。

▶07 执行创成式填充操作后，可以连接两张图

像，结果如图3-89所示。

图3-88

图3-89

▶08 将在3.4.2节中绘制的文字复制到当前文档中，并重新调整版式，效果如图3-90所示。

图3-90

▶09 选择"矩形工具"▭，设置填充色为白色，描边为无，自定义圆角半径，在文字的下方绘制

圆角矩形，如图3-91所示。

图3-91

▶10 选择"椭圆工具"○，设置填充色为无，描边为黑色，自定义描边宽度，按住Shift键绘制正圆。选择正圆，按住Alt键移动复制两个副本，调整正圆的位置，如图3-92所示。

▶11 选择"横排文字工具"T，选择书法字体，在正圆内输入黑色文字，如图3-93所示。

图3-92 图3-93

▶12 更改字体为黑体，输入段落文字，如图3-94所示。

▶13 添加"曲线"调整图层，调整曲线，如图3-95所示。

▶14 添加"色相/饱和度"调整图层，分别降低"黄色""红色"的色彩饱和度，如图3-96所示。

▶15 调整结果如图3-97所示。

图3-94

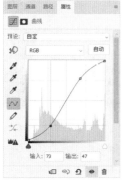

图3-95

图3-96

图3-97

3.4.4　绘制包装版面3

▶**01** 启动Photoshop，在欢迎界面单击"新文件"按钮，在"新建文档"对话框中设置参数，如图3-98所示。单击"创建"按钮，新建一个文档。

▶**02** 将图像拖入文档中，调整位置，关闭"背景"图层，如图3-99所示。

图3-98

图3-99

▶**03** 执行创成式填充操作，填补图像上下区域的空白，如图3-100所示。

图3-100

▶**04** 从"包装版面2.psd"文件中复制文字，调整版式，结果如图3-101所示。

▶**05** 选择"矩形工具"▭，设置填充色为白色，描边为无，自定义圆角半径，绘制圆角矩形，如图3-102所示。

图3-101　　　　　　图3-102

▶**06** 调入条形码和许可证素材，并放置在矩形的下方，如图3-103所示。

▶**07** 选择"横排文字工具"Ｔ，选择黑体，在矩形内输入黑色文字，并进行排版，如图3-104所示。

图3-103　　　　　　图3-104

▶08 选择"椭圆工具" ◯，设置填充色为黑色，描边为无，按住Shift键绘制正圆。选择正圆，按住Alt键向下移动复制，并垂直对齐，结果如图3-105所示。

▶09 添加"曲线"调整图层，调整曲线，如图3-106所示。

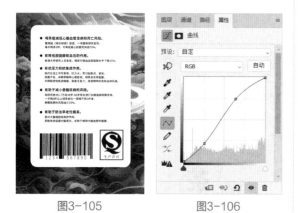

图3-105　　　　图3-106

▶10 包装版面3的绘制结果如图3-107所示。

图3-107

3.4.5　导入样机

▶01 打开"样机.psd"素材文件，如图3-108所示。

图3-108

▶02 在"图层"面板中选择"双击替换"图层，双击图层缩览图右下角的小方块，如图3-109所示。

图3-109

▶03 进入智能对象编辑模式，将"版面1"图像拖放进来，调整尺寸与位置，如图3-110所示。

图3-110

▶04 选择"矩形选框工具" ▭，在文档中绘制选区，如图3-111所示。在上下文任务栏中依次单击"创成式填充"和"生成"按钮，执行填充操作。

▶05 执行创成式填充操作后，填补图像上下区域的空白结果如图3-112所示。

| 图3-111 | 图3-112 |

06 按快捷键Ctrl+S保存修改，返回样机文档，观察为包装盒赋予装饰图像的效果，如图3-113所示。

07 重复上述操作，继续为另外两个侧面装饰图像，结果如图3-114所示。

| 图3-113 | 图3-114 |

3.5 版式设计：文化宣传画册

在本节中介绍文化宣传画册的绘制。画册由封面、目录、内页组成，每一页的内容包括文字和装饰元素。在绘制的过程中，利用Stable Diffusion生成主图，其他的元素通过网络下载得到。在编排版面时，要注意突出诉求内容，吸引阅读者的视线，达到传播的目的。

3.5.1 在Stable Diffusion中创建版面底图

01 启动Stable Diffusion，在"正向提示词"文本框的右下角输入关键词"黑白水墨风格，中国徽派建筑，远景，高清，质量好"，如图3-115所示。

图3-115

▶02 按Enter键，查看翻译成英文的结果，如图3-116所示。

图3-116

提示 用户可以继续输入关键词来描述画面。需要注意的是，关键词越多，系统识别的时间越长，出图的时间也越长。

▶03 在"反向提示词"文本框的右下角输入关键词"模糊，比例失调，透视错误"，按Enter键，翻译结果如图3-117所示。

图3-117

▶04 在跑图结束后，从结果中选择四张图像进行展示，如图3-118所示。其中，选定第4张作为版面底图。

图3-118

3.5.2 规划版面

▶01 启动Photoshop，在欢迎界面单击"新文件"按钮，在"新建文档"对话框中设置参数，如图3-119所示。单击"创建"按钮，新建一个文档。

图3-119

▶02 将选中的图像拖放至文档中，并调整尺寸与位置，如图3-120所示。

图3-120

▶03 选择"矩形选框工具" ⬚，在画面中绘制选区，如图3-121所示。

▶04 在上下文任务栏中依次单击"创成式填充"和"生成"按钮，填补图像右侧空白的结果如图3-122所示。

▶05 重复上述操作，继续填补图像左侧空白，结果如图3-123所示。

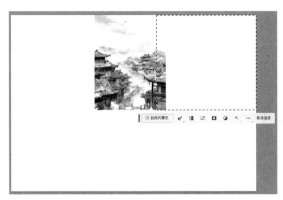

图3-121

图3-124

图3-122

图3-125

图3-123

图3-126

▶06 选择"图像"图层及"创成式填充"图层，按快捷键Ctrl+E合并图层，重命名为"水墨画"。

▶07 调整水墨画的尺寸，打开笔触素材，放置在"水墨画"图层的下方，如图3-124所示。

▶08 按住Alt键，在"水墨画"图层和"笔触"图层之间单击，创建剪贴蒙版，结果如图3-125所示。

▶09 调入晕染素材，分别放置在画面的下方，如图3-126所示。

▶10 选择"横排文字工具" T ，选择宋体，在画面中输入文字，如图3-127所示。

▶11 重复上述操作，选择书法字体，输入"墨"字，结果如图3-128所示。

▶12 选择"矩形工具" ，设置填充色为深灰色（#5f5f5f），描边为无，拖曳光标绘制矩形，如图3-129所示。

▶13 选择"横排文字工具" T ，选择宋体，在矩形上绘制页码，如图3-130所示。

图3-127

图3-128

图3-129

图3-130

3.5.3 绘制封面与目录

▶01 在以01页为例介绍规划版面的方法后，继续绘制其他版面。复制一个01页的副本，删除内容，在空白的版面中添加素材与文字。

▶02 绘制封面。打开群山素材，将其放置在版面的下方，调整尺寸，如图3-131所示。

图3-131

▶03 打开窗、书法字、枯枝素材，调整尺寸后布置在版面中，如图3-132所示。

图3-132

▶04 选择"横排文字工具"**T**，选择合适的字体，在版面中输入文字，如图3-133所示。

图3-133

▶05 选择"直线工具"✐，在版面的下方绘制水平黑色线段，接着在线段之间输入文字，完成封面的绘制，如图3-134所示。

图3-134

▶06 绘制目录页。复制一个封面副本，删除版面内容。打开山脉素材，放置在版面的下方，如图3-135所示。

图3-135

▶07 打开干笔和墨痕素材，放置在版面的左右两侧，如图3-136所示。

图3-136

▶08 打开铜钱素材，放置在墨痕素材上方，如图3-137所示。

图3-137

▶09 选择"横排文字工具"🇹，选择合适的字体，在版面中输入目录标题与内容，如图3-138所示。

图3-138

▶10 选择"直线工具"✐，在段落文字之间绘制垂直黑色线段，分隔文字内容，如图3-139所示。

图3-139

▶11 打开印章素材，放置在目录标题的左下角，完成目录页的绘制，如图3-140所示。

图3-140

提示　封面和目录没有页码。

3.5.4　绘制02、03页

▶01 绘制02页。复制一个01页副本，保留页码及下方的灰色矩形，其他内容全部删除，双击修改页码，整理结果如图3-141所示。

图3-141

▶02 打开水墨素材，放置在版面的右上角，如图3-142所示。

图3-142

▶03 打开门素材，放置在水墨的上方。按住Alt键，在"门"图层与"水墨"图层之间单击，创建剪贴蒙版，效果如图3-143所示。

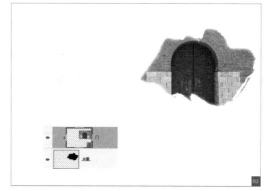

图3-143

▶04 打开扇子、垫子、笔触素材，布置在版面的左侧，如图3-144所示。

图3-144

▶05 打开茶壶和水墨龙素材，布置在版面的右下角，如图3-145所示。

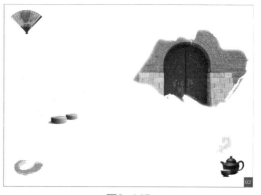

图3-145

▶06 选择"横排文字工具" **T**，选择合适的字体，在版面中输入标题与内容，如图3-146所示。

图3-146

07 打开印章素材，放置在"古代诗词"的下方，如图3-147所示。

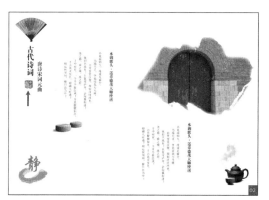

图3-147

08 选择"直线工具"，在段落文字之间绘制垂直黑色线段，分隔文字内容，如图3-148所示。

图3-148

09 绘制03页。复制一个02页副本，保留页码及下方的灰色矩形，删除其他内容，双击修改页码。

10 打开青铜器素材，放置在版面的右上角，如图3-149所示。

图3-149

11 打开笔触2素材，放置在青铜器的下方。按住Alt键，在"青铜器"图层和"笔触2"图层之间单击，创建剪贴蒙版，如图3-150所示。

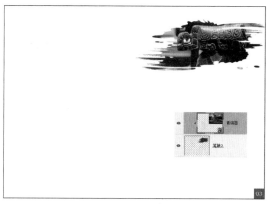

图3-150

12 打开扇子和青铜器2素材，布置在版面的左侧，如图3-151所示。

图3-151

▶13 打开圆形素材系列，等距布置在版面的右下角，如图3-152所示。

图3-152

▶14 选择"横排文字工具" **T**，在版面中输入标题与内容，使用"直线工具" ／绘制垂直线段分隔段落，最后添加印章素材，效果如图3-153所示。

图3-153

▶15 选择印章，按快捷键Ctrl+J复制副本。放大印章，修改图层"不透明度"为10%，完成03页的绘制，如图3-154所示。

图3-154

3.5.5 绘制04、05、06页

▶01 绘制04页。复制一个03页副本，保留页码及下方的灰色矩形，删除其他内容，双击修改页码。

▶02 打开笔触3素材，放置在版面的右下角，如图3-155所示。

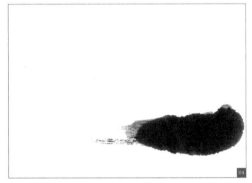

图3-155

▶03 打开海面素材，放置在笔触3上方。打开街巷素材，放置在海面上方，如图3-156所示。

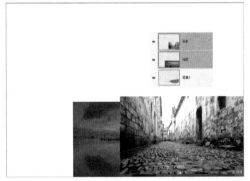

图3-156

▶04 创建剪贴蒙版，使街巷与海面限制在笔触3的范围内显示，如图3-157所示。

图3-157

05 打开门环和文物素材，放置在版面的左侧，如图3-158所示。

图3-158

06 选择"横排文字工具" **T**，在版面中输入标题与内容，使用"直线工具" 绘制垂直线段分隔段落，在标题的下方添加印章素材，效果如图3-159所示。

图3-159

07 打开字体、字体2素材，布置在版面中，并降低图层"不透明度"为12%，04页的绘制效果如图3-160所示。

图3-160

08 绘制05页。复制一个04页副本，保留页码及下方的灰色矩形，删除其他内容，双击修改页码。

09 打开山素材，放置在版面的下方，如图3-161所示。

图3-161

10 打开月亮和人物素材，放置在版面的右侧，如图3-162所示。

图3-162

11 打开框架素材，放置在版面的左上角，如图3-163所示。

图3-163

▶12 复制框架，并调整方向，效果如图3-164所示。

图3-164

▶13 打开干笔2素材，放置在版面的左侧，如图3-165所示。

图3-165

▶14 选择"横排文字工具"Ｔ，在版面中输入标题与内容，使用"直线工具"▱绘制垂直线段分隔段落，版面的右上角添加印章素材，并将图层"不透明度"更改为10%。05页的绘制效果如图3-166所示。

图3-166

▶15 绘制06页。复制一个05页副本，保留页码

及下方的灰色矩形，删除其他内容，双击修改页码。

▶16 选择"横排文字工具"Ｔ，在版面中输入标题与内容，如图3-167所示。

图3-167

▶17 选择"直线工具"▱，按住Shift键绘制垂直线段分隔段落，如图3-168所示。

图3-168

▶18 更改字体为书法字体，在版面的右上角输入"墨韵"，如图3-169所示。

图3-169

19 打开干笔2、干笔3、干笔4，在版面中进行布置，效果如图3-170所示。

图3-170

20 打开玉器、门环与印章素材，放置在版面的左上角，如图3-171所示。

图3-171

21 打开黄铜门环、笔触4素材，放置在版面的右下角，完成06页的绘制，如图3-172所示。

图3-172

3.6 平面设计练习

观察本节提供的参考图像，在Stable Diffusion中输入关键词，从出图结果中选择合适的图像。再在Photoshop中进行排版，绘制旅游海报，如图3-173所示。读者可以参考本节版式，自行设计制作旅游海报，无需一模一样。

3.7 课后习题

确定设计方案后，启动Stable Diffusion，输入关键词来生成图像。室内设计有多种风格，Stable Diffusion的出图能力强大，根据不同的关键词可以创造丰富多样的图像。读者可以从中选择满意的图像，参考本节的版式，设计制作公司展板，如图3-174所示。

图3-173

图3-174

第4章 电商设计

本章介绍电商设计的知识，包括Banner、主图|直通车、网站首页、网站详情页，利用Midjourney、Stable Diffusion生成背景图，在此基础上进行再设计，得到符合用户使用需求的结果。

4.1 电商设计的类型

本节介绍电商设计中常见的类型，包括Banner、主图|直通车、首页、详情页及促销标签。不同的设计类型功能也不同，如详情页用来介绍商品或者售卖的详细信息；首页展示品牌形象，陈列商品，引导消费者进入购买页，并促使购买行为的发生。

4.1.1 Banner

电商Banner的设计风格以简洁大方为主，以图文结合的方式抓住消费者的注意力，并传达简单的信息，如品牌名称、主打商品等。

图4-1所示为服装品牌的Banner，以黄黑为主打色，合理编排图片与文字信息，使消费者一目了然地了解商品信息。

图4-1

图4-2所示为水果品牌的Banner，文字的颜色从水果图片中汲取，统一整体色调，使画面和谐，使消费者在舒适的情况下浏览详细信息。

图4-2

4.1.2 主图|直通车

在主图|直通车中展示商品的卖点，如质量三包、终身保修、材料天然等，包括商品的价格，使消费者了解商品的概况。

图4-3所示为冰箱的主图，包含品牌信息、商品图片、商品性能、售后服务以及促销优惠等。消费者在获知这些信息后再决定是否购买。

图4-3

图4-4所示为家居产品主图，仅展示商品图片与价格，但是诉求点在"全包式装修，安全环保"，引导消费者了解详细情况。

图4-4

4.1.3 首页

网站的首页展示品牌形象，陈列主要商品。消费者经由主页进入详情页，浏览指定商品的信息，并决定是否购买。首页的设计非常重要，影响消费者对于该品牌的第一印象。

图4-5所示为年货节首页，喜庆红火的页面符合春节团圆热闹的气氛，与消费者产生共鸣。

图4-6所示为开学季首页，形象活泼，色调轻快，与所售商品的属性相吻合。

图4-5　　　　　　图4-6

4.1.4 详情页

详情页用来介绍商品的信息。用户有意购买某商品，就会进入详情页中了解详细情况，最终决定是否购买。详情页详尽地讲解商品的制作信息、使用方法、遵循的标准、注意事项等，还可提供在线客服，及时答复消费者的疑问。

图4-7和图4-8所示分别为电器产品与食品的详情页，限于篇幅，将其截图展示。

图4-7

图4-8

4.1.5 标签

标签悬浮在商品或者网页之上，提醒消费者最新的消息，如打折促销、优惠酬宾、积分抽奖等。利用标签引导消费者注意重要信息，以免消息被遗漏。

图4-9所示为中秋促销标签，版式编排具有古典气息，与传统中秋佳节相呼应。促销信息清楚地标示在框架内，方便消费者识别。

图4-9

图4-10所示为暑假促销活动标签，醒目的"半价"能快速吸引消费者的眼球，促使其继续浏览其他信息。

图4-10

4.2 Banner: 果汁促销Banner

本节介绍果汁Banner的绘制方法。首先在Midjourney中输入关键词，生成小清新背景图。再将背景图导入Photoshop进行修改，包括创成式填充、扩展背景图尺寸，以及调整背景图的饱和度与对比度。最后添加文字与装饰，完成Banner的绘制。

4.2.1 使用Midjourney创建小清新背景图

在Midjourney中输入英文关键词"Long view of icebergs, close view of lakes, ice cubes, sliced coconuts, fresh oranges, a glass of juice, with straws inserted, realistic photography, --ar 4:3"，按Enter键，等待片刻，即可得到4张图像，如图4-11所示。

关键词的中文翻译为"远景是冰山，近景是湖泊、冰块、椰子片、新鲜的橙子、一杯果汁，插入吸管，写实摄影，--ar 4:3"。

图4-11

4.2.2 在Photoshop中调整图像

01 将生成的图像导入Photoshop中，如图4-12所示。

图4-12

02 选择"矩形选框工具" ⬚，框选右上角的图像，如图4-13所示。

图4-13

03 按快捷键Ctrl+J复制选中的图像，关闭"背景"图层，如图4-14所示。

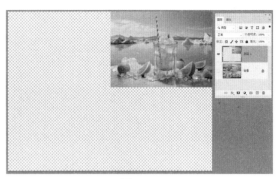

图4-14

04 执行"文件"|"新建"命令，新建一个宽度为1920像素、高度为600像素、分辨率为72像素/英寸的空白文档，并将截取出来的图像拖放至文档中，放置在右侧，如图4-15所示。

图4-15

05 选择"矩形选框工具" ⬚，在图像上绘制选区，如图4-16所示。

图4-16

06 在上下文工具栏中单击"创成式填充"按钮，接着单击"生成"按钮，等待片刻，在生成结果中选择合适的一张图像，如图4-17所示。

图4-17

▶**07** 新建"曲线"和"自然饱和度"调整图层，调整参数，如图4-18所示。

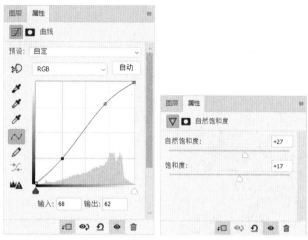

图4-18

▶**08** 图像的调整结果如图4-19所示。

图4-19

4.2.3 最终结果

▶**01** 选择"矩形工具"■，在图像上绘制白色矩形，并将其"不透明度"设置为89%，如图4-20所示。

图4-20

▶**02** 继续绘制橙色（#ff5d00）圆角矩形，描边为无，如图4-21所示。

▶**03** 选择"横排文字工具"■，选择合适的字体与颜色，输入的文字如图4-22所示。

▶**04** 选择"椭圆工具"◎，设置描边颜色为蓝色（#044d9d），按住Shift键在"夏季果汁"与"超低价"之间绘制同心圆，完成Banner的绘制，如图4-23所示。

图4-21

图4-22

图4-23

4.3 主图|直通车：中秋节主图

本节介绍中秋节主图的绘制方法。在输入关键词时，可以添加与节日相关的元素，如月饼、月亮、古建筑等，使创作出来的图像更加接近节日氛围。

4.3.1 使用Stable Diffusion制作中秋节主题场景

▶01 启动Stable Diffusion，输入关键词 "Mooncakes, the moon hanging far from the sky, shrouded in clouds and mist, with ancient architectural backgrounds, photography style, and depth of field effectshyper quality，high resolution，retina，FHD，1080P，8k smooth"，单击右上角的"生成"按钮，等待图像生成。

可以先拟好中文关键词，再翻译成英文。或者借助翻译软件，将中文关键词译成英文。本例的中文关键词为"月饼，挂在远处的月亮，笼罩在云雾中，具有古老的建筑背景、摄影风格、景深效果，高分辨率"。其中，"retina，FHD，1080P，8k smooth"是表示画面质量的关键词。

▶02 经过多次跑图后择优选取，图4-24所示为跑图结果的其中四张，本例选择第一张图片制作电商主图。

图4-24

4.3.2 在Photoshop中进行排版

▶01 启动Photoshop，执行"文件"|"新建"命令，新建一个宽度为750像素、高度为1000像素、分辨率为300像素/英寸的空白文档。

▶02 在"背景"图层上新建一个空白图层，填充任意颜色。双击图层，在"图层样式"对话框中添加"渐变叠加"样式，参数设置如图4-25所示。

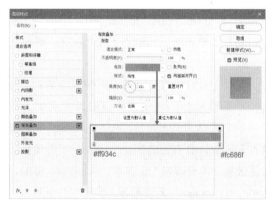

图4-25

▶03 单击"确定"按钮关闭对话框，结果如图4-26所示。

图4-26

▶04 选择"矩形工具"，设置合适的圆角半径，拖曳光标绘制白色的圆角矩形。双击"矩形"图层，在"图层样式"对话框中添加"描边"样式，设置"大小"为6、"位置"为"内部"，如图4-27所示。

图4-27

▶05 打开图像，将其放置在"圆角矩形1"图层上方，在图层之间按住Alt键单击，创建剪贴蒙版，使图像被限制在圆角矩形内显示，结果如图4-28所示。

图4-28

▶06 在"图层"面板的下方单击"创建新的填充

或调整图层"按钮 ●，在列表中选择"亮度/对比度"调整图层，参数设置如图4-29所示。

边"设置为渐变填充样式，参数设置及绘制效果如图4-31所示。

图4-29

▶07 提升亮度的效果如图4-30所示。

▶08 选择"矩形工具" ▢，分别将"填色""描

图4-30

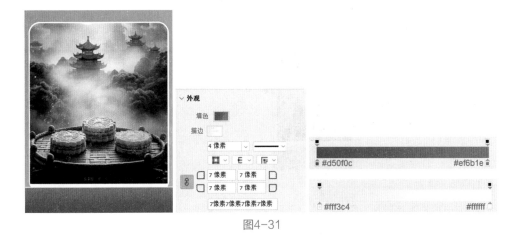

图4-31

▶09 双击矩形，在"图层样式"对话框中添加"内阴影"样式，参数设置与效果如图4-32所示。

图4-32

▶10 打开形状素材，放置在画面的左下角。双击形状，在"图层样式"对话框中添加样式，如图4-33所示。由于篇幅有限，不在此逐一列举参数设置，请参考本例源文件来进行上机练习。

▶11 参数设置完毕后，单击"确定"按钮关闭对话框，此时的显示效果如图4-34所示。

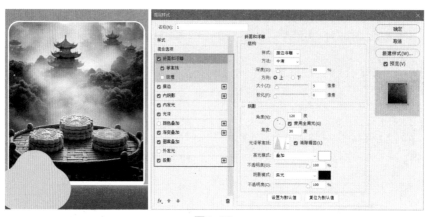

图4-33

图4-34

▶12 按快捷键Ctrl+J复制"形状"图层,将"形状 拷贝"图层的"填充"值设置为0%,添加"斜面和浮雕"图层样式,参数设置与最终效果如图4-35所示。

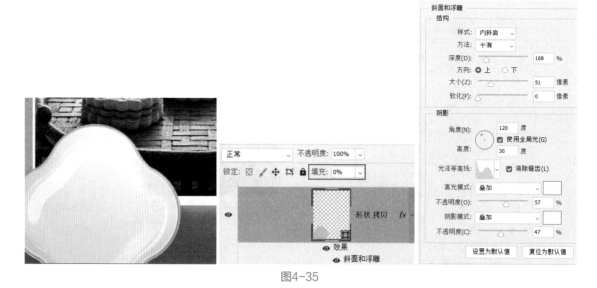

图4-35

▶13 选择"矩形工具"，将"填色"设置为填充样式,参数设置及绘制效果如图4-36所示。

##ffe48f　　#fff8e4

图4-36

4.3.3　最终结果

▶01 选择"横排文字工具"**T**，选择合适的字体与颜色，输入商品购买信息，如图4-37所示。

图4-37

▶02 选择"矩形工具"**□**，设置填充色为渐变色，参数设置如图4-38所示，自定义合适的圆角半径，描边为无。

图4-38

▶03 在画面的左侧拖曳光标绘制圆角矩形，如图4-39所示。

▶04 选择圆角矩形，按住Alt键向上移动复制，并等距排列圆角矩形，如图4-40所示。

图4-39　　　　　　　图4-40

▶05 导入对钩素材，分别布置在圆角矩形的左侧如图4-41所示。

▶06 选择"横排文字工具"**T**，选择黑体，设置颜色为白色，输入宣传文字，完成主图的绘制，结果如图4-42所示。

图4-41　　　　　　　图4-42

4.4　首页：婴儿产品促销活动Web首页

本节介绍Web首页的绘制。利用Midjourney生成图像后导入Photoshop，利用图层蒙版工具使图像与背景图相融合，接着添加框架，再在框架上添加商品信息，包括图像、文字说明等，最后完成首页的绘制。

4.4.1　使用Midjourney生成童趣背景图

在Midjourney中输入英文关键词"Smooth ground, natural light, cute children's toys on the ground, surrounded by four steps and cylindrical models, round balls, circular stage, photo scenery, orange and light orange, modern geometry, in the style of movie 4d rendering,high detail, ultra realistic, ultra fine --v 5.2 --ar 4:3"，按Enter键，等待片刻，显示4张图片，如图4-43所示。

关键词的中文翻译为"光滑的地面，自然的光线，4周有4个台阶和圆柱形模型，圆球、圆形的舞台，照片布景，橙色和浅橙色，现代几何，电影4D渲染风格，高细节，超逼真，超精细，--v 5.2 --ar 4:3"。

图4-43

4.4.2　在Photoshop中添加细节

▶01 将生成的图像导入Photoshop，提取右下角的图像。新建一个宽度为1920像素、高度为5000像素、分辨率为72像素/英寸的文档，将提取出来的图像放置在文档上方，如图4-44所示。

▶02 设置前景色为黄色（#f9dcb2），按快捷键Alt+Delete填充前景色，结果如图4-45所示。

▶03 为图像添加图层蒙版，将前景色设置为黑色，使用柔边画笔在蒙版上涂抹，使图形与背景融合在一起，如图4-46所示。

▶04 导入"配图.png"素材，将其放置在文档的下方，如图4-47所示。

▶05 导入"框架1.png""框架2.png"素材，放置在配图的上方，如图4-48所示。

▶06 选择"横排文字工具"**T**，选择合适的字体与颜色，输入的文字如图4-49所示。

图4-44　　　　图4-45

图4-46

图4-47　　　　图4-48

图4-49

▶07 双击"¥""30"所在的图层，在"图层样式"对话框中添加"投影"样式，参数设置如图4-50所示。

▶08 为符号与文字添加投影的效果如图4-51所示。

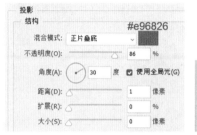

图4-50　　　　图4-51

▶09 选择"矩形工具" ▣ ，绘制橙色（#ff6410）圆角矩形，描边为无。双击"圆角矩形"图层，在"图层样式"对话框中添加"投影"样式，参数设置与绘制结果如图4-52所示。

图4-52

▶10 选择"横排文字工具" T ，选择合适的字体与颜色，在圆角矩形上输入文字，如图4-53所示。

▶11 选择绘制完毕的文字与矩形，按住Alt键不放，向右等距复制，结果如图4-54所示。

图4-53

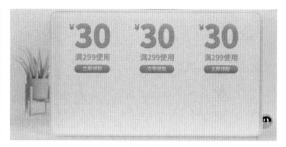

图4-54

▶12 选择"矩形工具" ▢ ，绘制填充色为浅粉色（#ffe8da），描边为橙色（#f26f05）的圆角矩形，如图4-55所示。

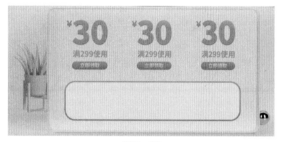

图4-55

▶13 双击"圆角矩形"图层，在"图层样式"对话框中添加"内阴影"样式，参数设置如图4-56所示。

图4-56

▶14 单击"确定"按钮，查看添加内阴影的效果，如图4-57所示。

图4-57

▶15 选择"矩形工具"，继续绘制圆角矩形，结果如图4-58所示。

图4-58

▶16 选择"横排文字工具"，选择合适的字体与颜色，在圆角矩形上输入文字，如图4-59所示。

图4-59

▶17 继续输入文字，并为文字添加"投影"效果，使其具有立体感，如图4-60所示。

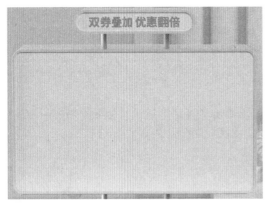

图4-60

▶18 选择"矩形工具"，绘制白色圆角矩形，结果如图4-61所示。

▶19 重复上述操作，绘制橙色（#f26f05）圆角矩形，如图4-62所示。

▶20 继续绘制矩形，如图4-63所示。

图4-61

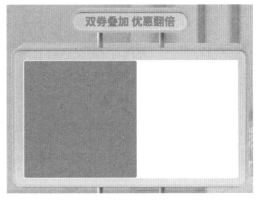

图4-62

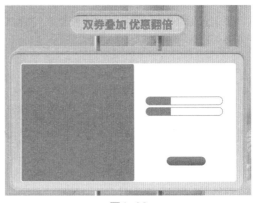

图4-63

▶21 导入"婴儿奶瓶.png"素材，将其放置在橙色圆角矩形上，在"图像"图层与"矩形"图层之间按住Alt键单击，创建剪贴蒙版，使图像限制在矩形内显示，如图4-64所示。

▶22 选择"横排文字工具"，选择合适的字体与颜色，输入商品信息，如图4-65所示。

▶23 重复操作，继续添加图片，输入相关信息，结果如图4-66所示。

图4-64

图4-65

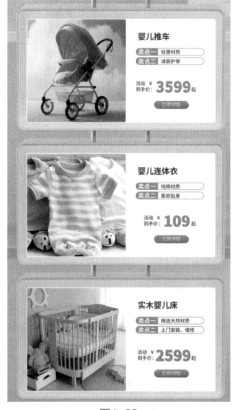

图4-66

4.4.3 最终结果

▶01 添加"曲线"调整图层,参数设置如图4-67所示。

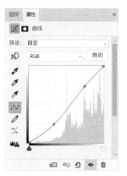

图4-67

▶02 执行"导出"|"快速导出为PNG"命令,将绘制结果导出为图片,效果如图4-68所示。

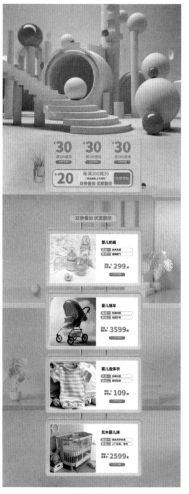

图4-68

4.5 详情页：北欧家具促销详情页

本节介绍北欧家具促销详情页的绘制。经由Midjourney生成的图像有时候会有瑕疵，影响使用，这时可以在Photoshop中进行修改。利用"创成式填充"功能，可以轻松地去除或生成指定元素。

4.5.1 使用Midjourney绘制客厅图像

在Midjourney中输入英文关键词"Nordic style sofa, solid wood frame, cotton and linen fabric, blue series, living room background, blue wall, decorative paintings hanging on the wall, white floor lamp, --ar 4:3"，按Enter键，稍等片刻，观察绘制结果，如图4-69所示。

关键词的中文翻译为"北欧风格沙发，实木框架，棉麻面料，蓝色系，客厅背景，蓝色墙壁，墙上挂着装饰画，白色落地灯，--ar 4:3"。

图4-69

4.5.2 在Photoshop中进行排版

▶**01** 在Photoshop中执行"文件"|"新建"命令，新建一个宽度为3125像素、高度为22630像素、分辨率为300像素/英寸的文档。将前景色设置为浅灰色（#f1eff0），按快捷键Alt+Delete填充颜色，如图4-70所示。

▶**02** 新建一个图层。选择"矩形选框工具" ，绘制矩形选框，将前景色设置为蓝色（#75a4b7），按快捷键Alt+Delete填充颜色，如图4-71所示。

图4-70　　　　　　　图4-71

▶**03** 从Midjourney中生成的4张图像中选择合适的一张，裁剪后添加到当前文档中，调整尺寸与位置，如图4-72所示。

图4-72

▶**04** 选择"矩形选框工具" ，框选墙壁上的装饰画，在上下文任务栏中依次单击"创成式填充"和"生成"按钮，得到的效果如图4-73所示。

图4-73

▶**05** 稍等片刻，即可将选中的装饰画掩盖，效果如图4-74所示。

图4-74

▶**06** 选择图像所在的图层，添加图层蒙版，将前景色设置为黑色，选择柔边画笔，在蒙版上涂抹，使图片与蓝色背景融合在一起，如图4-75所示。

图4-75

▶**07** 选择"矩形工具" ▢，绘制一个白色的矩形，将"不透明度"设置为13%，如图4-76所示。

图4-76

▶**08** 导入"斜纹.png"素材，放置在矩形上，更改"不透明度"为60%，如图4-77所示。

图4-77

▶**09** 选择"横排文字工具" **T**，选择合适的字体与字号，将颜色设置为白色，在矩形上输入文字，并调整位置，如图4-78所示。

图4-78

▶**10** 选择"矩形工具" ▢，将填充设置为无，描边为白色，拖曳光标绘制矩形，如图4-79所示。

图4-79

▶**11** 选择"矩形"图层，右击，在弹出的快捷菜单中选择"栅格化图层"选项。选择"矩形选框工具" ▢，框选矩形的右侧，按Delete键删除，结果如图4-80所示。

图4-80

▶**12** 继续选择"矩形工具"■，设置填充色为蓝色（#446a7f），描边为无，在文字的下方绘制矩形，如图4-81所示。

图4-81

▶**13** 绘制一个白色的矩形，双击"矩形"图层，在"图层样式"对话框中添加"投影"样式，参数设置如图4-82所示。

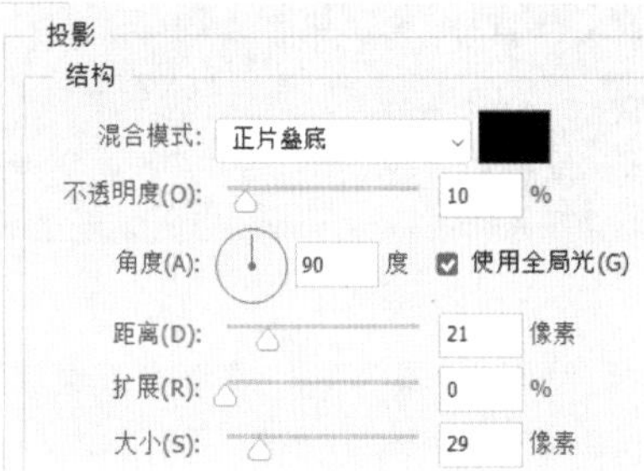

图4-82

▶**14** 单击"确定"按钮关闭对话框，绘制矩形并添加投影的效果如图4-83所示。

图4-83

▶**15** 导入"素材图.png"文件，将其放置在白色矩形上，如图4-84所示。

图4-84

▶**16** 选择"横排文字工具"**T**，选择合适的字体与字号，分别输入蓝色（#75a4b7）与灰色（#787878）的说明文字，如图4-85所示。

图4-85

▶**17** 选择"钢笔工具"✍，设置填充色为蓝色（#75a4b7），绘制闭合形状，效果如图4-86所示。

图4-86

▶**18** 选择绘制完毕的形状，按住Alt键移动复制，更改填充色为白色，并调整位置，使下方的蓝色形状显示一部分，如图4-87所示。

▶**19** 复制白色形状，更改填充色为深灰色（#6b655f），调整形状位置，效果如图4-88所示。

图4-87

图4-88

20 从Midjourney的出图结果中选择合适的图像，放置在灰色形状图层上，创建剪贴蒙版，使图像仅在形状范围内显示，如图4-89所示。

图4-89

21 选择"矩形工具" ▭ ，设置填充色为蓝色（#75a2b7），输入合适的圆角半径，拖曳光标绘制圆角矩形，如图4-90所示。

图4-90

22 重复选择"矩形工具" ▭ ，设置填充色为无，描边为白色，输入合适的圆角半径，拖曳光标绘制圆角矩形框，如图4-91所示。

23 使用"横排文字工具" T 在矩形框内输入文字，效果如图4-92所示。

图4-91

图4-92

24 重复上述操作，继续绘制边框及说明文字，效果如图4-93所示。

图4-93

25 导入"灯饰.png"素材，调整尺寸，放置在合适的位置，如图4-94所示。

图4-94

4.5.3　最终结果

　　限于篇幅，不能完整地显示详情页的具体情况。为了方便读者查看绘制结果，将详情页其他部分的绘制结果截图为图4-95和图4-96所示。

图4-95

图4-96

4.6　标签：促销标签

　　利用Midjourney生成促销标签作为需要使用的图像，能提高设计师的工作效率。将图像放置在编排完成的版面中，再进行最后的修饰，就可以输出为指定格式的文件，运用到不同的项目中去。

4.6.1　使用Midjourney制作月饼小场景

　　在Midjourney中输入英文关键词"Mooncakes, with osmanthus and green leaves in the background, in a flat illustration style, --niji 5 --ar 4:3"，按Enter键，等待片刻，结果如图4-97所示。

图4-97

关键词的中文翻译为"月饼，以桂花和绿叶为背景，平面插图风格，--niji 5 --ar 4:3"。

4.6.2 在Photoshop中添加元素

▶01 在Photoshop中执行"文件"|"新建"命令，新建一个宽度为1000像素、高度为500像素、分辨率为300像素/英寸的文档。

▶02 选择"矩形工具" ▢ ，设置填充色为渐变色，描边为黄色（#ffe9af），输入合适的圆角半径，拖曳光标绘制圆角矩形，如图4-98所示。

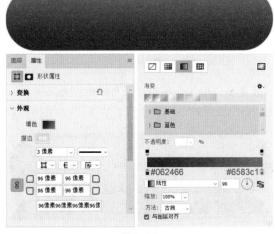

图4-98

▶03 双击"圆角矩形"图层，打开"图层样式"对话框，添加"内阴影"样式，参数设置如图4-99所示。

▶04 单击"确定"按钮关闭对话框，添加内阴影的效果如图4-100所示。

▶05 选择"矩形工具" ▢ ，设置填充色为渐变

色，描边为黄色（#ffe9af），拖曳光标绘制矩形，如图4-101所示。

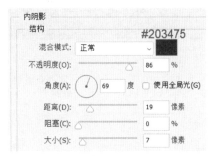

图4-99

图4-100

图4-101

▶06 选择矩形，按快捷键Ctrl+T进入自由变换模式。右击，在弹出的快捷菜单中选择"透视"选项，单击矩形的左上角点向内移动，更改矩形的透视效果，如图4-102所示。

图4-102

▶07 继续绘制尺寸较小的矩形，如图4-103所示。

图4-103

▶08 导入"框架.png"素材，调整尺寸与位置，如图4-104所示。

图4-104

▶**09** 双击框架素材所在的图层，在"图层样式"对话框中添加"描边""渐变叠加""投影"样式，参数设置如图4-105所示。

▶**10** 单击"确定"按钮关闭对话框，添加样式的效果如图4-106所示。

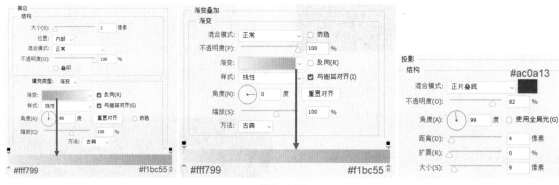

图4-105

图4-106

▶**11** 导入"云纹.png"素材，放置在矩形的右下角，如图4-107所示。

图4-107

▶**12** 选择云纹，按住Alt键移动复制，效果如图4-108所示。

图4-108

▶**13** 选择"横排文字工具"**T**，选择合适的字体与字号，输入"中秋送好礼"。双击"文字"图

层，在"图层样式"对话框中添加"内阴影"样式，参数设置如图4-109所示。

图4-109

▶**14** 单击"确定"按钮关闭对话框，为文字添加内阴影的效果如图4-110所示。

图4-110

▶**15** 选择"矩形工具"▢，设置填充色为渐变色，描边为淡橙色（#ffd9a7），输入合适的圆角半径，拖曳光标绘制圆角矩形。双击圆角矩形所在的图层，在"图层样式"对话框中添加"投影"样式，参数设置如图4-111所示。

▶**16** 单击"确定"按钮关闭对话框，绘制矩形并为其添加样式，效果如图4-112所示。

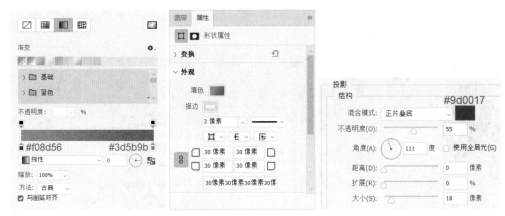

图4-111

图4-112

▶17 导入"文字框架.png"素材，放置在文字的上方，如图4-113所示。

图4-113

▶18 选择"横排文字工具" T ，选择合适的字体与字号，输入白色文字，如图4-114所示。

图4-114

▶19 选择"椭圆工具" ⬭ ，设置任意填充色，按住Shift键拖曳光标绘制正圆，如图4-115所示。

▶20 从Midjourney生成的图像中选择合适的一张，裁剪后导入当前文档，放置在正圆上，创建剪贴蒙版，使图像限制在圆形内显示，如图4-116所示。

图4-115

图4-116

4.6.3 最终结果

添加"中国风边框.png"素材，执行"导出"|"快速导出为PNG"命令，将绘图结果导出为PNG文件，如图4-117所示。

图4-117

4.7 电商设计练习

利用本章所介绍的方法，首先在Midjourney中输入关键词，生成所需的图像，包括背景图、装饰元素等，再在Photoshop中继续编排，得到美观、大方的电商促销Banner，如图4-118所示。

图4-118

4.8　课后习题

在Midjourney中生成产品图后，到Photoshop中进行后期处理，并添加文案、装饰元素等，完成产品促销的主图绘制，如图4-119所示。

图4-119

UI设计包含的范围广泛，本章选择其中4个类型进行介绍。AI绘图的出现，极大地减少了设计师的工作量。在AI绘图的基础上，设计师继续深入设计，得到较为满意的结果。本章介绍AI绘图结合Photoshop二次处理的方法进行UI设计的流程。

5.1 UI设计分类

以下介绍常见的UI设计类型，包括icon图标、App界面、Web界面以及营销长图。它们具有不同的传播目的，所以在内容编排上也各有特色。

5.1.1 icon图标

icon图标风格多样，列举其中三种，如图5-1所示。利用图标指示功能，在设计的过程中应考虑图标与功能的关联性，以免给用户造成误解。为了避免产生误会，通常在图标的下方添加功能名称，方便用户快速识别。

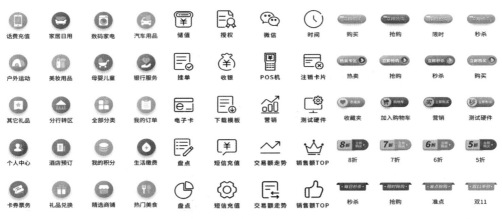

图5-1

5.1.2 App界面

App界面包括闪屏页、内容页、弹窗页，此外还有登录页、引导页、信息页等。不同类型的页面传达的信息不同，内容编排与使用时长也不同。

闪屏页（图5-2）快速在受众眼前出现与消失，目的是在极短的时间内向受众传达指定的信息。这类页面内容不宜过多，文字应醒目且简洁，方便受众能在指定的时间内吸收页面信息。

内容页（图5-3）是受众停留时间最长的页面，大部分操作都在内容页进行，这就需要内容页的图文编排合理，最大限度地考虑受众的操作习惯。

弹窗页（图5-4）是在受众操作过程中突然弹出来的页面，提醒用户某类特定信息，如操作失误、积分兑换、领取红包等。用户通过弹窗可以进入指定的操作页面，也可以选择直接关闭弹窗。

图5-2　　　　　　　　　　图5-3　　　　　　　　　　图5-4

5.1.3　Web界面

Web界面在计算机端展示品牌信息，通过合理地编排内容，不仅能展示品牌特色，还能给受众留下深刻的印象，吸引受众回访。

图5-5所示为简约风格皮肤管理Web首屏设计效果，采用左右对称的方式编排内容，说明文字在左侧，图案在右侧。利用弧线进行分割，清晰且简洁。

图5-6所示为大咖专场直播带货Web界面设计效果，版式为左右对称布置，在背景添加几何形状作为点缀，活泼灵动，符合主题诉求。

图5-5　　　　　　　　　　　　　　　　　　图5-6

5.1.4　营销长图

营销长图展示的信息较多，采用垂直方式进行布置，用户通过向下滑动页面浏览信息。在编排图文内容时要注意突出重点，避免用户错过重要信息。

图5-7所示为AI绘画课程营销长图，在主图的下方列举关于课程的详细信息，包括价格、课程内容以及联系方式等。

图5-8所示为夏日旅游出行优惠H5营销长图，以图文并茂的方式向受众展示景区的详细信息，吸引用户的注意力。

图5-9所示为网络在线课堂H5营销长图，介绍在线课堂所包含的内容，提供联系方式，方便用户随时咨询。

图5-7　　　图5-8　　　图5-9

5.2　icon图标：App页面图标

利用Stable Diffusion可以轻松生成icon图标，免去设计师繁杂的绘图工作。根据关键词的不同，Stable Diffusion可以为用户创建多种类型的icon图标。

5.2.1　使用Stable Diffusion制作图标

▶01 启动Stable Diffusion，输入关键词"Camera front view, icon, solid gradient background"，单击右上角的"生成"按钮，等待出图。

关键词的中文翻译为"照相机正视图，icon，纯色渐变背景"。

▶02 多次跑图，从众多结果中选择一张满意的图像，如图5-10所示。

图5-10

▶03 继续输入关键词"Gear front view, icon, solid gradient background"，单击右上角的"生成"按钮，等待出图。

关键词的中文翻译为"齿轮正视图，icon，纯色渐变背景"。

▶04 齿轮图标的制作结果如图5-11所示。

图5-11

5.2.2　在Photoshop中添加细节

▶01 在Photoshop中新建一个空白文档。选择"渐变工具"，在列表中展开"灰色"文件夹，选择渐变类型，如图5-12所示。

▶02 在页面上从上至下拖曳光标，绘制渐变，如图5-13所示。

图5-12

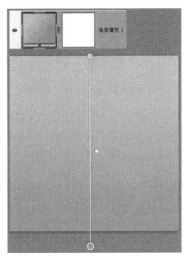

图5-13

▶03 选择"椭圆工具" ◯，设置填充为任意色，

描边为无，按住Shift键拖曳光标绘制一个正圆，如图5-14所示。

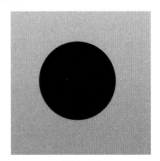

图5-14

▶04 将相机图标放置在椭圆上，按住Alt键在图层之间单击，创建剪贴蒙版，结果如图5-15所示。

图5-15

▶05 双击"椭圆1"图层，在"图层样式"对话框中选择"描边""投影"样式，参数设置如图5-16所示。

▶06 单击"确定"按钮关闭对话框，效果如图5-17所示。

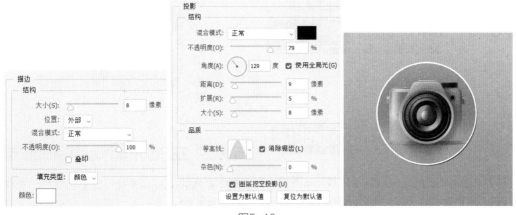

图5-16

▶07 单击"创建新的填充或调整图层"按钮 ◎ ，在列表中选择"曲线"选项，添加"曲线"调整图层，参数设置与绘制图标的最终效果如图5-17所示。

08 重复上述操作，继续对齿轮图标执行相同的操作，结果如图5-18所示。

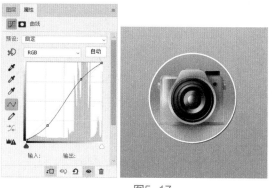

图5-17

图5-18

5.2.3 其他结果

选择"矩形工具"，按住Shift键绘制正方形。将图标放置在正方形上，按住Alt键在图层中间单击，创建剪贴蒙版，使图标限制在正方形内显示。最后添加投影，调节明暗效果，结果如图5-19所示。

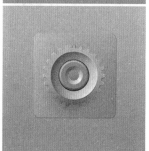

图5-19

5.3 App界面：App闪屏页

本节介绍App闪屏页的绘制。在Midjourney中创建三维形象，需要在关键词中添加风格描述词，如C4D风格、3D动画风格等。本节选用的人物为三维立体形象，所以在输入关键词时添加了相应的描述。

5.3.1 使用Midjourney制作卡通人物

在Midjourney中输入英文关键词"Two cute girls, dressed in red antique attire, with black hair, standing naturally, looking at the camera, full body portrait, plump and plump, POPMART style, clean and concise design, IP image, advanced natural color matching, bright and harmonious, cute and colorful detail character design, Behance, Haipai, organic sculpture, C4D style, 3D animation style character design, cartoon realism, funny character design, ray tracing, children's book illustration style, Clean white background, best lighting, 8k, best quality, iw 0.5 q2 --s 750 --niji 5 --ar 4:3"，按Enter键，等待片刻，查看生成的图像，如图5-20所示。

关键词的中文翻译为"两个可爱的女童，穿着红色古装，黑色头发，自然站立，看着镜头，全身像，丰满，POPMART风格，干净简洁的设计，IP形象，先进的自然配色明亮和谐，可爱多彩的细节人物设计，Behance，海派，有机雕塑，C4D风格，3D动画风格的人物设计，卡通现实主义，搞笑人物设计，光线追踪，童书插画风格，干净的白色背景，最佳照明，8k，最佳质量，iw 0.5 q2 --s 750 --niji 5 --ar 4:3"。

图5-20

5.3.2 在Photoshop中进行图文排版

▶**01** 在Photoshop中执行"文件"|"新建"命令，新建一个宽度为1080像素、高度为1920像素、分辨率为300像素/英寸的文档。将前景色设置为红色（#b60600），按快捷键Alt+Delete填充前景色，结果如图5-21所示。

▶**02** 导入"金点.png"素材，放置在"背景"图层上方，如图5-22所示。

▶**03** 选择"椭圆工具" ，设置填充色为淡黄色（#faead5），描边为无，按住Shift键绘制正圆，如图5-23所示。

图5-21

图5-22

图5-23

▶**04** 双击"椭圆"图层，在"图层样式"对话框中添加"描边""内阴影"样式，参数设置如图5-24所示。

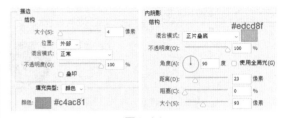

图5-24

▶**05** 单击"确定"按钮关闭对话框，添加样式的效果如图5-25所示。

图5-25

▶**06** 选择圆形，按快捷键Ctrl+C复制，按快捷键Ctrl+V粘贴。按住Alt键，以圆心为基点放大副本圆形。取消副本圆形的填充色，设置描边颜色为黄色（#fdb04b），自定义描边的大小，结果如图5-26所示。

图5-26

▶**07** 双击副本圆形，在"图层样式"对话框中添加"斜面和浮雕""渐变叠加"样式，参数设置完成后单击"确定"按钮关闭对话框，如图5-27所示。

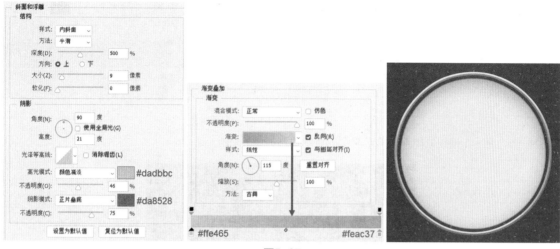

图5-27

▶08 从Midjourney生成的图像中选择合适的一张，裁剪后放置在圆形上，接着创建剪贴蒙版，使图像限制在圆形之内显示，如图5-28所示。

中添加"描边""内阴影""投影"样式，参数设置如图5-32所示。

图5-29

图5-28

▶09 在图像上创建"色相/饱和度"调整图层，参数设置与图像效果如图5-29所示。

▶10 选择"横排文字工具"T，选择合适的字体与字号，在图像上输入黑色文字，如图5-30所示。

▶11 导入"金箔.png"素材，放置在文字上，创建剪贴蒙版，添加文字的表现效果如图5-31所示。

▶12 选择"文字"图层与"金箔"图层，按快捷键Ctrl+G成组。双击组，在"图层样式"对话框

图5-30

图5-31

图5-32

▶**13** 单击"确定"按钮关闭对话框，文字的显示效果如图5-33所示。

图5-33

▶**14** 在组上添加"色相/饱和度"调整图层，参数设置与文字效果如图5-34所示。

图5-34

▶**15** 选择"横排文字工具" **T**，选择合适的字体与字号，在"过节啦"右上角输入文字，如图5-35所示。
▶**16** 选择"椭圆工具" **○**，设置描边颜色为红色（#9b0101），填充色为无，按住Shift键绘制正圆。选择正圆，按住Alt键移动复制，结果如图5-36所示。

图5-35

图5-36

▶17 选择正圆与文字，按快捷键Ctrl+G成组。双击组，在"图层样式"对话框中添加"描边""投影"样式，参数设置如图5-37所示。

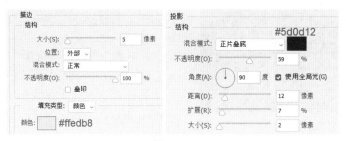

图5-37

▶18 单击"确定"按钮关闭对话框，添加样式的效果如图5-38所示。

▶19 将"桂花和灯笼.png"素材放置在画面的左上角，如图5-39所示。

图5-38   图5-39

▶20 在"桂花和灯笼"图层上添加"色相/饱和度"调整图层，参数设置与调整效果如图5-40所示。

图5-40

▶21 选择"矩形工具" ，设置填充色为白色，描边为无，输入合适的圆角半径值，拖曳光标绘制圆角矩形，调整矩形的"不透明度"为80%，如图5-41所示。

▶22 选择"横排文字工具" T，选择字体与字号，在白色矩形上输入黑色文字，如图5-42所示。

图5-41

图5-42

5.3.3 最终结果

完成上述操作后，再导入"云纹.png"素材，错落布置在画面中，完成App闪屏页的绘制，如图5-43所示。

图5-43

5.4 Web界面：购物网站首页Banner

本节介绍购物网站首页Banner的绘制。首先在Stable Diffusion中输入关键词，在生成的图像中选择合适的一张作为Banner的例图。接着在Photoshop中进行图文排版，最后输出为图像。

5.4.1 使用Stable Diffusion制作简约风场景

▶01 启动Stable Diffusion，输入关键词"Urban men and women, shopping bags, warm colors, white background, operational illustrations, simple shapes, graphic design, minimalist style"，单击右上角的"生成"按钮，等待出图。

关键词的中文翻译为"都市男女，购物袋，暖色调，白底，运营插图，简单的形状，平面设计，极简风格"。

▶02 从出图结果中选择三张图像展示，如图5-44所示，选择第一张图像作为本例用图。

图5-44

图5-44（续）

5.4.2 在Photoshop中添加元素与文字

▶01 启动Photoshop，执行"文件"|"新建"命令，新建一个宽度为1980像素、高度为1080像素、分辨率为300像素/英寸的空白文档。

▶02 选择"钢笔工具" ，将填充方式设置为渐变填充，描边为无，指定锚点绘制闭合形状，结果如图5-45所示。

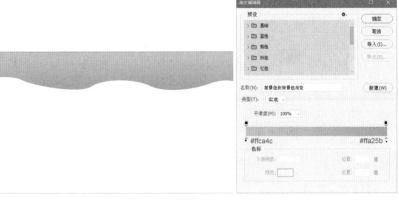

图5-45

▶03 在"形状"图层上新建一个空白图层，重命名为"光亮"。将前景色设置为白色，选择"渐变工具" ，选择"从前景色到透明渐变"，单击"路径编辑"按钮 ，拖曳光标在画面的左上角绘制渐变。

▶04 按住Alt键，在"形状"图层与"光亮"图层之间单击，创建剪贴蒙版，效果如图5-46所示。

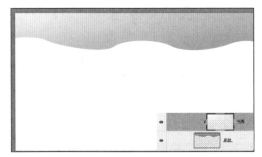

图5-46

▶05 将光亮蒙版的图层"混合模式"更改为"柔光"，效果如图5-47所示。

▶06 继续使用"钢笔工具" ，选择任意填充色，绘制闭合形状，效果如图5-48所示。

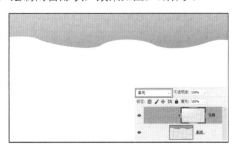

图5-47

图5-48

▶07 双击"形状"图层，在"图层样式"对话框中添加"渐变叠加"样式，参数设置如图5-49所示。

图5-49

▶**08** 添加"投影"样式，参数设置如图5-50所示。

图5-50

▶**09** 单击"确定"按钮，最终效果如图5-51所示。

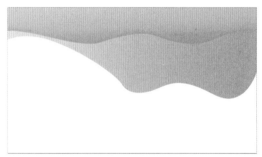

图5-51

▶**10** 将图像导入文档中，放置在右侧，如图5-52所示。

图5-52

▶**11** 为图像添加图层蒙版，将前景色设置为黑色，选择"画笔工具" ✐，在蒙版上涂抹，删除图像的边界，使之与背景融合在一起，如图5-53所示。

图5-53

▶**12** 选择"椭圆工具" ◯，选择填充色为粉色（#fff3e7），描边为无，在图像的下方拖曳光标绘制一个椭圆，如图5-54所示。

图5-54

▶**13** 添加购物车、礼盒素材，调整位置与尺寸，布置效果如图5-55所示。

图5-55

▶**14** 选择"椭圆工具" ◯，选择填充色为黄色（#ffa21d），描边为无，按住Shift键绘制一个正圆。选择正圆，按住Alt键向右移动复制，将填充色更改为无，描边为蓝色（#003e66），自定义宽度，绘制效果如图5-56所示。

图5-56

▶15 选择"自定义形状工具"⚒，在形状列表中选择箭头，按住Shift键，在圆形内绘制箭头，如图5-57所示。

▶16 选择"矩形工具"▭，依次绘制黄色

（#ffa800）、蓝色（#003e66）、白色圆角矩形，描边为无，结果如图5-58所示。

▶17 导入放大镜素材，放置在白色圆角矩形的右侧，如图5-59所示。

图5-57

图5-58

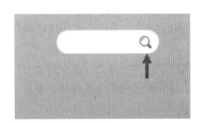

图5-59

5.4.3 最终结果

选择"横排文字工具"T，选择字体样式、字号与颜色，在页面中输入文字，完成Web首页Banner的绘制，效果如图5-60所示。

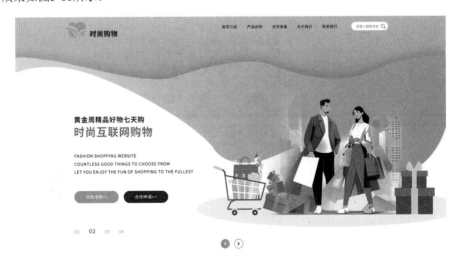

图5-60

5.5 营销长图：儿童节营销长图

本节介绍儿童节营销长图的绘制。首先按照设计要求构思关键词，接着在Midjourney中输入关键词出图。从出图结果中选择适用的图像，再导入Photoshop中进行排版。

5.5.1 使用Midjourney制作卡通背景

在Midjourney中输入英文关键词 "A few cute children playing on the grass, using a warm palette style, summer, fashion, blue sky and white clouds background, vector, best quality, simple minimalism, experience style through sliding and Dropbox, graphic design inspired illustration style, from enhancement, UI illustration, minimalism, Drible --niji 5 -s 150 --ar 3:2"，按Enter键，等待图像生成，结果如图5-61所示。

关键词的中文翻译为 "几个可爱的孩子在草地上玩耍，使用温暖的调色板风格，夏天，时尚，蓝天白云背景，矢量，最佳质量，简单的极简主义，

Dropbox风格，图形设计启发的插图风格，UI插图，极简主义，Drible--niji 5-s 150-ar 3:2"。

图5-61

5.5.2 在Photoshop中编排图文

▶01 在Photoshop中执行 "文件" | "新建" 命令，新建一个宽度为850像素、高度为3000像素、分辨率为72像素/英寸的文档。

▶02 从出图结果中选择合适的图像，裁剪后放置在文档中，如图5-62所示。

▶03 选择 "矩形选框工具" ⬚，框选图像的上部与下部绘制选框，执行 "创成式填充" 操作，填补图像的效果如图5-63所示。

图5-62

图5-63

▶04 选择"例图"图层与"创成式填充"图层，按快捷键Ctrl+G成组。在组的上方添加"曲线"调整图层，参数设置与图像效果如图5-64所示。

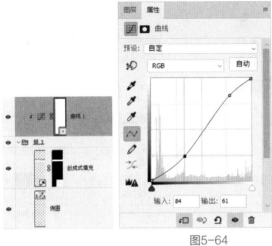

图5-64

▶05 选择"矩形工具"▭，设置填充色为青色（#26b186），描边为无，拖曳光标绘制矩形。在矩形的顶边添加一个中间锚点，向上移动锚点的位置，使顶边转换为弧边，如图5-65所示。

▶06 继续绘制浅黄色（#fffded）圆角矩形，如图5-66所示。

▶07 选择三个浅黄色圆角矩形，按快捷键Ctrl+G成组。双击组，在"图层样式"对话框中添加"内阴影""投影"样式，参数设置如图5-67所示。

图5-65　　　　图5-66

图5-67

▶08 单击"确定"按钮关闭对话框，添加样式的效果如图5-68所示。

▶09 选择"矩形工具"▭，设置填充色为任意色，如白色，描边为红色（#e60012），线形为虚线，自定义圆角半径，拖曳光标绘制圆角矩形，如图5-69所示。

图5-68

图5-69

字号，在圆角矩形内输入白色文字，如图5-72所示。

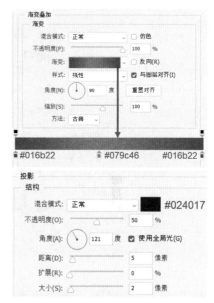

图5-70

▶10 双击"矩形"图层，在弹出的"图层样式"对话框中添加"渐变叠加""投影"样式，参数设置如图5-70所示。

▶11 单击"确定"按钮关闭对话框，为圆角矩形添加样式的效果如图5-71所示。

▶12 选择"横排文字工具"，选择合适的字体与

图5-71

图5-72

▶13 双击"文字"图层，在"图层样式"对话框中添加"斜面和浮雕""渐变叠加""投影"样式，参数设置如图5-73所示。

图5-73

▶14 单击"确定"按钮关闭对话框，为文字添加样式的效果如图5-74所示。

图5-74

▶15 导入"笔.png""画板.png"素材，调整尺寸，放置在圆角矩形的对角点，如图5-75所示。

图5-75

▶16 导入"青色框架.png"素材，调整尺寸与位置，如图5-76所示。

▶17 选择"横排文字工具"⊤，选择字体与字号，在框架内输入文字，如图5-77所示。

▶18 选择"矩形工具"▭，设置填充色为渐变色，描边为无，拖曳光标绘制矩形，如图5-78所示。

▶19 更改填充色为青色（#26b186），描边为无，自定义描边大小，拖曳光标绘制矩形，如图5-79所示。

图5-76

图5-77

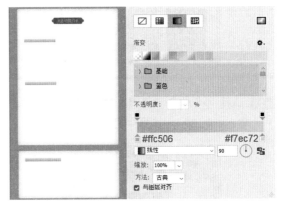

图5-78

图5-79

▶20 重复操作，绘制任意颜色的圆角矩形，如图5-80所示。

图5-80

21 选择"横排文字工具" **T**，选择字体与字号，输入说明文字，如图5-81所示。

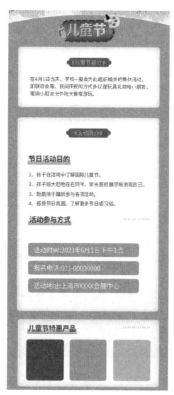

图5-81

22 导入"积木.png"素材，放置在画面的合适位置，如图5-82所示。

图5-82

23 导入图片素材，放置在圆角矩形上，创建剪贴蒙版，使图片仅限于矩形内显示，如图5-83所示。

图5-83

24 选择"横排文字工具" **T**，输入地址与官网信息，如图5-84所示。

图5-84

25 导入"二维码.png"素材，放置在文字的左侧，如图5-85所示。

图5-85

5.5.3 最终结果

执行"文件"|"导出为"命令,将绘制结果导出为JPEG文件,完成营销长图的绘制,最终结果如图5-86所示。

图5-86

5.6 UI设计练习

通过在Midjourney中输入icon图标的关键词,生成天气图标,如图5-87所示。读者可以自定义图标的风格,如扁平风格、3D风格等。不断地调整关键词,使绘制的图标符合用户使用要求。

图5-87

5.7 课后习题

通过输入图像的关键词,得到一张城市夜景图。在Photoshop中进行图文排版,完成Web登录界面的绘制,如图5-88所示。

图5-88

第6章 图像精修

对图像进行后期处理，可以得到多种不同效果的图像，符合各种使用需求。利用Stable Diffusion与Midjourney创作的图像，经由Photoshop处理，如调整色调、光线、明暗对比等，使图像呈现不同的效果，适用于多个领域。

6.1 图像的类型

图像分为多种类型，包括人像、静物、风光、商业以及纪实等。本节简要介绍这些图像的概况，后续小节以案例的方式介绍处理图像的方式。其他类型的图像限于篇幅无法在此展开介绍。

6.1.1 人物图像

人物图像以刻画与表现被摄者的具体相貌和神态为自身的首要创作任务，虽然有些人像作品也包含一定的情节，但它仍以表现被拍者的相貌为主，而且，相当一部分人像作品只有被拍者的形象，没有具体的情节，如图6-1所示。

图6-1

6.1.2 静物图像

静物图像在真实反映被摄体固有特征的基础上，经过创意构思，并结合构图、光线、影调、色彩等摄影手段进行艺术创作，将拍摄对象表现成具有艺术美感的图像作品，如图6-2所示。

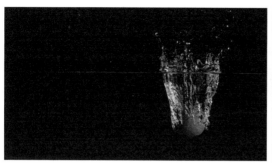

图6-2

6.1.3　风光图像

风光图像是以展现自然风光之美为主要创作题材的原创作品（如自然景色、城市建筑摄影等），如图6-3所示。风光图像是广受人们喜爱的题材，给人带来的美的享受最全面，从作者发现美开始到拍摄，直到与读者见面欣赏的全过程，都会给人以感官和心灵的愉悦，能够在一定主题思想的表现中，以相应的内涵使人在审美中领略到一定的信息成分，由此也将使人平添一些过目不忘的情趣。

图6-3

6.1.4　商业图像

商业图像主要用于商业领域，如图6-4所示。从狭义上讲是商业图像，广义上是为了发布商品或者撰写故事等目的制作的图像类型，是为商业利益而存在的，要按照企业要求进行拍摄和制作的，比较拘束。

图6-4

6.1.5 纪实图像

纪实图像以记录为第一目的，对客观事物进行真实的影像反映，如图6-5所示。纪实图像的首要目的在于记录，前提是尊重客观真实，对象是客观事物的表象，记录方式是以摄影再现影像。按照纪实图像的方式和追求的价值不同来划分，纪实图像分为新闻纪实和生活纪实。

图6-5

6.2 人物图像：外国女子半身像

本节介绍调整人物半身像的方法。利用Stable Diffusion创作外国女子半身像，再将图像导入Photoshop，利用Camera Raw调整图像的细节与光影效果，最后添加"曲线"调整图层加强图像的明暗效果。

6.2.1 使用Stable Diffusion创作人物照片

在Stable Diffusion中输入英文关键词"A young foreign woman wearing a white round neck shirt, three-quarters of her side face, long hair, bust, smiling at the camera, indoor background blurring, depth of field effect, realistic photography"，单击右上角的"生成"按钮，等待系统出图。

关键词的中文翻译为"年轻的外国女子穿着白色圆领衫，四分之三侧脸，长发，半身像，微笑看着镜头，室内背景虚化，景深效果，写实摄影。"

多次出图后，选择效果较好的4张展示，如图6-6所示。选择第4张图像作为本节例图。

图6-6

6.2.2 在Photoshop中处理光影与 细节

▶01 将选定的图像导入Photoshop，在"图层"面板中选择"图像"图层，右击，在弹出的快捷菜单中选择"转换为智能对象"选项，将图像转换为智能对象，方便用户开/关滤镜效果，对比图像调整前与调整后的效果。

▶02 在Camera Raw对话框中选择"编辑"面板，展开"亮"参数栏，参数设置如图6-7所示。

图6-7

▶03 展开"颜色"参数栏，调整滑块，如图6-8所示，观察左侧预览窗口中图像的变化。

图6-8

▶04 在"效果"参数栏中调整"清晰度""去除薄雾"参数，使图像更加清晰，如图6-9所示。

▶05 展开"细节"参数栏，调整"锐化""半径""细节"等参数，如图6-10所示。

图6-9

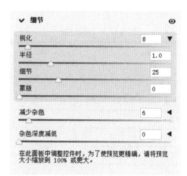

图6-10

▶06 在右上角工具栏中单击"蒙版"按钮，在面板中选择画笔，在人物上涂抹，创建蒙版区，如图6-11所示。

图6-11

▶07 展开"亮"参数栏，参数调整如图6-12所示，该参数仅影响蒙版中的人物，不会影响背景。

▶08 调整"饱和度"滑块，降低人物的饱和度，如图6-13所示。

图6-12

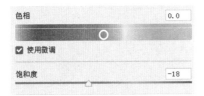

图6-13

▶09 在"效果"参数栏中提高"清晰度""去除薄雾"的选项值,使人物更清晰,如图6-14所示。

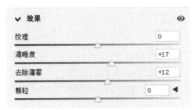

图6-14

▶10 展开"曲线"参数栏,在曲线上放置锚点,并向上移动锚点,提高人物的亮度,如图6-15所示。

图6-15

▶11 单击"确定"按钮关闭对话框,结束编辑。图像的原始效果以及调整后的效果对比如图6-16和图6-17所示。可以看到整体画面清晰度得到提高,人物更加突出,画面对比明显。

图6-16

图6-17

6.2.3 最终结果

在人像的上方添加"曲线"调整图层,增强画面的亮度与对比度,最终结果如图6-18所示。

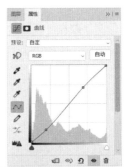

图6-18

6.3　静物图像：水果大集合

在本节中介绍调整桌面静物图像画面质感的方法。在Midjourney中生成水果图像，接着将图像导入Photoshop，通过添加调整图层，可以更改画面的色调、光影等效果。

6.3.1　使用Midjourney生成桌面水果

在Midjourney中输入英文关键词"The wooden dining table is covered with a brown tablecloth with fresh apples, pears, bananas, grapes, dragon fruits, pine nuts, pumpkins, and the indoor background is blurred with saturated colors, depth of field effects, and realistic photography, --ar 4:3"，按Enter键，等待片刻，查看出图结果，如图6-19所示。

关键词的中文翻译为"木制餐桌上铺着褐色的桌布，上面有新鲜的苹果、梨、香蕉、葡萄、火龙果、松子、南瓜，室内背景虚化，颜色饱

和，景深效果，写实摄影，--ar 4:3"。

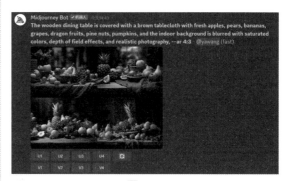

图6-19

6.3.2　使用Photoshop增加画面质感

▶01 从出图结果选择一张图像，裁剪后导入Photoshop。在"图层"面板中选择图像所在的图层，在上方新建一个"曲线"调整图层。在曲线上放置锚点，向上移动锚点，提高图像的亮度，如图6-20所示。

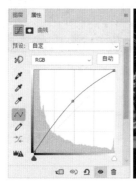

图6-20

▶02 添加"色彩平衡"调整图层，分别设置"中间调""高光"参数，使青蓝色调影响图像，如图6-21所示。

图6-21

▶03 添加"亮度/对比度"调整图层，分别设置"亮度""对比度"参数，增强图像的亮度，同时降低对比度，如图6-22所示。

图6-22

6.3.3 最终结果

选择所有的调整图层与图像，按快捷键Ctrl+G成组。在组上添加"曲线"调整图层，调整曲线来影响图像的光影效果，如图6-23所示。

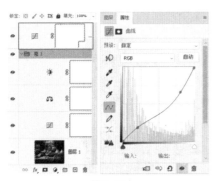

图6-23

调整之前与调整之后对比如图6-24所示，可以看到亮度得到提高，画面清晰度有所改善，色彩饱和度相宜。

图6-24

图6-24（续）

6.4 风光图像：城市航拍风景

本节介绍调整城市风景图像色调的方法。在Midjourney中生成城市航拍图，将图像导入Photoshop，添加多个调整图层来更改图像的色调，使图像从冷色调转换为暖色调。

6.4.1 使用Midjourney创建城市航拍风景

在Midjourney中输入英文关键词"Aerial photo of Guangzhou Tower's small waist panoramic view, city day, realistic photography，--ar 4:3"，按Enter键，等待系统出图，如图6-25所示。

关键词的中文翻译为"航拍广州塔小蛮腰全景，城市的白天，写实摄影，--ar 4:3"。

图6-25

6.4.2 使用Photoshop调整图像色调

▶**01** 从出图结果中选择适用的图像，裁剪后导入Photoshop。在"图层"面板中选择"图像"图层，右击，在弹出的快捷菜单中选择"转换为智能对象"选项，将其转换为智能对象。

▶**02** 执行"图像"|"调整"|"曲线"命令，打开"曲线"对话框，在曲线上放置锚点，调整锚点的位置，影响画面明暗对比效果，如图6-26所示，单击"确定"按钮关闭对话框。

▶**03** 执行"图像"|"调整"|"可选颜色"命令，

打开"可选颜色"对话框，在"颜色"中选择"青色""蓝色"，分别调整参数，参数设置与画面效果如图6-27所示。

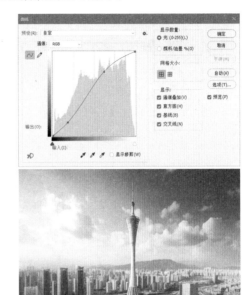

图6-26

图6-27

▶**04** 执行"图像"|"调整"|"阴影/高光"命令，打开"阴影/高光"对话框，勾选"显示更多选项"复选框，调整滑块，观察图像的变化。设置完成后单击"确定"按钮，图像的显示效果如图6-28所示。

▶**05** 执行"图像"|"调整"|"色彩平衡"命令，

图6-28

打开"色彩平衡"对话框，选中"中间调""高光"单选按钮，参数设置与图像效果如图6-29所示。

图6-29

▶06 执行"图像"|"调整"|"照片滤镜"命令，打开"照片滤镜"对话框，选择滤镜，调整"密度"参数，单击"确定"按钮，为图像添加滤镜的效果如图6-30所示。

图6-30

6.4.3　最终结果

通过开/关图像的智能滤镜，观察调整前后图像的色调效果，如图6-31所示。左图为调整前，右图为调整后。

图6-31

6.5　商业图像：会议室一角

利用Stable Diffusion生成交谈情景图，再将图像导入Photoshop，利用Camera Raw 滤镜来处理光影，包括亮度、对比度以及色彩饱和度等。

6.5.1　使用Stable Diffusion生成交谈情景图

在Stable Diffusion中输入英文关键词"Several young men and women are discussing, with computers on the table, office background, daytime, indoor background blurring, photography"，单击右上角的"生成"按钮，等待系统出图。

关键词的中文翻译为"几个年轻男女在讨论，桌上摆着计算机，办公室背景，白天，室内背景虚化，摄影"。

经过多次出图，选择效果较好的4张图像展示，如图6-32所示。选择第一张图像作为本节例图。

图6-32

6.5.2　在Photoshop中进行后期处理

▶01 将选好的图像导入Photoshop，选择"图像"图层，右击，在弹出的快捷菜单中选择"转换为智能对象"选项，将其转换为智能对象，方便随时开/关智能滤镜。

▶02 执行"滤镜"|"Camera Raw 滤镜"命令，在打开的对话框中单击右上角的"预设"按钮🎛️，在预设列表中选择"肖像：鲜明"选项，选择合适的类型，并调整参数，如图6-33所示。

图6-33

▶03 展开"锐化"列表，选择"亮"选项，预设值保持默认不变，如图6-34所示。

图6-34

▶04 返回"编辑"面板，展开"亮"列表，在其中设置参数，如图6-35所示。

▶05 在"颜色"列表中滑动滑块，调整图像的颜色，如图6-36所示。

图6-35

图6-36

▶06 在"效果"列表中调整"纹理""清晰度""去除薄雾"等参数，如图6-37所示。

图6-37

▶07 展开"细节"列表,调整"锐化""半径""细节"等参数,如图6-38所示。

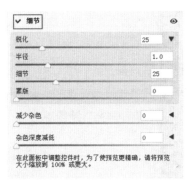

图6-38

▶08 参数设置完毕后,单击"确定"按钮关闭对话框,结束设置。

6.5.3　最终结果

调整前后对比如图6-39所示。通过Camera Raw 滤镜,可以为图像添加多种不同的效果,值得用户去不断尝试。

图6-39

图6-39(续)

6.6　纪实图像:复古街道

本节介绍调整街道图像光影效果的方法。经由Midjourney生成的图像为清新明朗的风格,将其导入Photoshop中进行调节,为图像添加复古的氛围,使其蒙上浓重的岁月感,引发观者追忆往昔的时光。

6.6.1　使用Midjourney创建街道图像

在Midjourney中输入英文关键词"On weekends, the pedestrian street is bustling with crowds and a dazzling array of shops. In the mid to long view, the sun shines brightly and photography takes place, --ar 4:3",按Enter键,稍等片刻,等待系统出图,如图6-40所示。

图6-40

关键词的中文翻译为"周末的步行街,人潮汹涌,店铺琳琅满目,中远景,阳光灿烂,摄影,--ar 4:3"。

6.6.2　在Photoshop中进行光影处理

▶01 从Midjourney的出图结果中选择一张合适的图像，裁剪后导入Photoshop。选择"图像"图层，右击，在弹出的快捷菜单中选择"转换为智能对象"选项，将其转换为智能对象。

▶02 执行"滤镜" | "Camera Raw滤镜"命令，单击对话框右上角工具栏中的"预设"按钮 🔲，转换至"预设"面板。在列表中选择"风格：复古"选项，选择风格的类型，并在右上角调整参数值，如图6-41所示。

图6-41

▶03 在同一个列表中单击"颗粒关闭"按钮，关闭画面的颗粒质感效果，如图6-42所示。

图6-42

▶04 返回"编辑"面板，展开"亮"参数栏，参数设置如图6-43所示。

图6-43

▶05 在"颜色"参数栏中调节"色温""色调""自然饱和度"以及"饱和度"参数，如图6-44所示。

图6-44

▶06 展开"效果"参数栏，设置各项参数，单击"晕影"参数选项右侧的黑色箭头，展开详细参数栏，继续设置参数，如图6-45所示。

图6-45

▶07 在"曲线"参数栏中分别设置"高光""亮调""暗调"以及"阴影"参数，如图6-46所示。

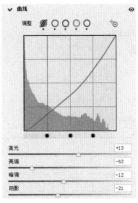

图6-46

▶08 在"混色器"参数栏中单击"色相"按钮，滑动滑块调节参数，如图6-47所示。

图6-47

▶09 单击"饱和度"按钮，参数设置如图6-48所示。

图6-48

▶10 切换至"明亮度"选项，调节"红色""橙色""蓝色"参数值，其他参数保持默认，如图6-49所示。

▶11 单击"确定"按钮关闭对话框，结束设置。

▶12 在图像上新建一个"曲线"调整图层，调节曲线，如图6-50所示。

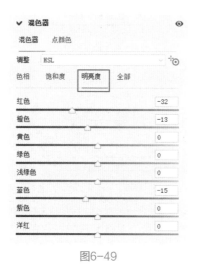

图6-49

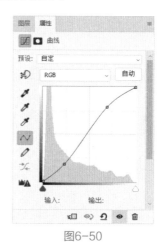

图6-50

6.6.3 最终结果

观察调整参数前后图像的不同效果，如图6-51所示。左图为调整前，右图为调整后。

图6-51

6.7 图像精修练习

在Midjourney中输入关键词，从生成的图像中选择合适的一张，导入Photoshop进行后期处理。可以使用不同的方式对图像进行调整，得到多种效果，图6-52所示为其中一种效果。

图6-52

6.8　课后习题

在Stable Diffusion中输入关键词，生成滑雪场景。将效果较好的图像导入Photoshop，添加素材，合成创意图像，如图6-53所示。

图6-53

第7章 插画设计

本章介绍插画在常见领域的运用，包括节气海报、运营广告、包装广告等。不同的使用情景需要选择不同风格的插画，插画的风格有中国风、卡通风、扁平风、三维立体风等。根据美学原则编排图文要素，能得到美观、大方的画面。本章末尾提供练习案例，读者可以参考并进行实际操作。

7.1 插画概述

插画用途广泛，能应用到多个领域，制作成多种形式，如招贴广告、报纸插画、杂志书籍插画、产品包装插画等，能传达各种信息，富有视觉冲击力，观者在接收信息的同时也能提高审美。本节介绍几种常见的插画风格，如中国风、卡通风等。

7.1.1 插画的功能

现代插画的基本功能就是将信息最简洁、明确、清晰地传递给观众，引起他们的兴趣，努力使他们信服传递的内容，并在审美的过程中欣然接受宣传的内容，诱导他们采取最终的行动。

（1）展示生动具体的产品和服务形象，直观地传递信息。

（2）激发消费者的兴趣。

（3）增强广告的说服力。

（4）强化商品的感染力，刺激消费者的欲求。

7.1.2 插画的风格

1. 节气插画

节气插画传达某个节气的信息，如小满、谷雨。在绘制这类插画时，在画中添加与节气有关的元素，如小麦、燕子、花朵、雨丝等，更符合节气氛围。

图 7-1 所示为小满节气与谷雨节气插画的绘制结果，分为竖板与横版，提取节气相关要素进行表达，借助文字说明，将观者引入一个特定的节气情境。

2. 招贴广告插画

招贴广告并不一定都具有盈利目的，也可以对公众传达某类具体的信息。图 7-2 所示为植树节插画，向公众传达节日信息，倡导植树造林。图 7-3 所示为开学季插画，在开学季张贴，符合当下气氛，能很好地吸引公众，并引发共鸣。

图7-1

图7-2　　　　　　　　　　　　　　　　　　　　　图7-3

3. 运营插画

　　运营插画在电商行业使用较多，主要目的是为了宣传、促销，多选择扁平风格、矢量风格，如图7-4和图 7-5所示。利用较为简单的图案来对公众说明广告诉求，如新店开业、优惠促销、新品上架等。

图7-4

图7-5

4. 包装插画

为包装袋或包装盒制作俏皮可爱的包装，能引起受众的兴趣，进而促进他们购买。图7-6所示为零食包装袋插画的绘制结果，卡通人物大快朵颐之后陷入酣睡，创意变形字体烘托气氛，极好地表达了广告目的。图7-7所示为新春礼盒插画的绘制结果，红色背景，龙形图案，都是传统的色调与元素，符合新春佳节的节日氛围，端庄又不失活泼。

图7-6

图7-7

7.2 节气插画：立冬节气海报

在本节中介绍绘制立冬节气海报的方法。首先使用Midjourney生成中国风插画，初次出图有可能不符合预期要求，可以通过调整关键词，多次出图，从中选择满意的一张图像。接着将选定的图像导入Photoshop，添加装饰元素与说明文字，最后完成海报的绘制。

7.2.1 使用Midjourney创建中国山水画

在Midjourney中输入英文关键词"Chinese ink painting features distant mountains, shrouded in smoke, and a close view of high mountains with pavilions and pavilions, clouds, --ar 3:4"，按Enter键，等候出图，如图7-8所示。本节选择第一张图像作为例图。

关键词的中文翻译为"中国水墨画，远山笼罩在烟雾中，近景高山，亭台楼阁，云雾迷蒙，--ar 3:4"。

图7-8

7.2.2 在Photoshop中进行图文排版

▶01 在Photoshop中执行"文件"|"新建"命令，新建一个宽度为3000像素、高度为4500像素、分辨率为72像素/英寸的文档。将选定的图像裁剪后导入Photoshop，调整尺寸后放置在合适的位置，如图7-9所示。

图7-11

图7-9

▶02 为图像添加图层蒙版，将前景色设置为黑色，背景色设置为白色。选择"渐变工具"，选择"从前景色到透明"样式，从上到下绘制线性渐变，将图像的上部分隐藏，如图7-10所示。

图7-12

▶05 选择"矩形工具"，设置填充色为无，描边为蓝色（#599cbe），自定义描边宽度，拖曳光标绘制矩形框，如图7-13所示。

图7-10

▶03 导入"纹理.png"素材，放置在图像上方，如图7-11所示。

▶04 为"纹理"图层添加蒙版，保持步骤2中渐变参数不变，从下至上绘制线性渐变，隐藏素材的下半部分，如图7-12所示。

图7-13

▶06 重复上述操作，调整描边宽度，绘制描边更细的蓝色矩形框，如图7-14所示。

图7-14

▶07 选择绘制完成的两个矩形框，按快捷键
Ctrl+G成组，为组添加图层蒙版，将前景色设置
为黑色，使用"画笔工具" ✎ 在蒙版上涂抹，隐
藏矩形框的局部，如图7-15所示。

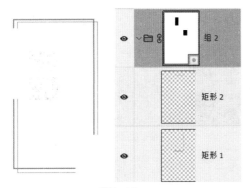

图7-15

▶08 选择"椭圆工具" ⬭，设置填充色为无，描
边为蓝色（#599cbe），按住Shift键拖曳光标绘制
正圆，如图7-16所示。

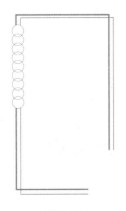

图7-16

▶09 选择所有的椭圆，按快捷键Ctrl+G成组，为
组添加图层蒙版，在蒙版上涂抹，隐藏椭圆的局
部，如图7-17所示。

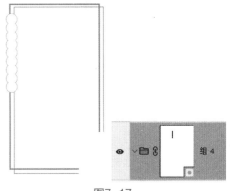

图7-17

▶10 选择"椭圆工具" ⬭，按住Shift键绘制蓝色
（#599cbe）实心圆与蓝色（#599cbe）圆形边框，
如图7-18所示。

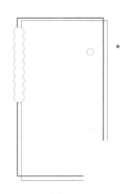

图7-18

▶11 选择"直线工具" ╱，将填充色设置为蓝色
（#599cbe），自定义粗细，按住Shift键绘制直
线，并旋转一定的角度，结果如图7-19所示。

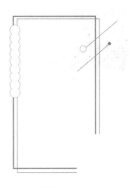

图7-19

12 选择绘制完毕的圆与直线，向左下角移动复制，如图7-20所示。

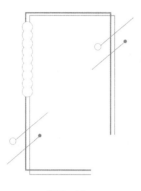

图7-20

13 选择"横排文字工具" **T**，选择合适的字体与字号，输入蓝色（#599cbe）文字，如图7-21所示。

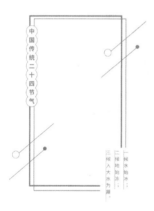

图7-21

14 添加"文字.png""印章.png"素材，放置在矩形框之内，调整比例与位置，如图7-22所示。

图7-22

7.2.3 最终结果

01 选择"横排文字工具" **T**，选择合适的字体与字号，继续输入蓝色（#599cbe）的说明文字，如图7-23所示。

图7-23

02 导入"飞鸟.png"素材，放置的画面的右侧，完成海报的绘制，如图7-24所示。

图7-24

7.3 招贴广告插画：森林学校

在本节中介绍绘制森林学校卡通插画的方法。在Midjourney中输入关键词，多次出图后选择满意的图像。将图像导入Photoshop，去除背景，再编排各种装饰元素，最后完成绘制。

7.3.1 使用Midjourney创建卡通风格图

在Midjourney中输入英文关键词"The little lion with glasses standing on the ground, holding a book in his hand, with a white background, children's book illustration style, flat light, vector art, and a white background --ar 4:3 --niji"，按Enter键，等待系统出图，如图7-25所示。

关键词的中文翻译为"戴眼镜的小狮子站在地上，手里拿着一本书，白色背景，童书插画风格，平面光，矢量艺术，白色背景 --ar 4:3 --niji"。

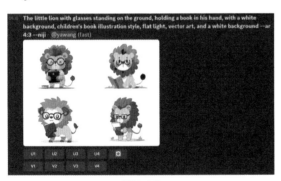

图7-25

> **提示** 为图像设置白色背景，是方便在Photoshop中去除背景。也可以设置其他纯色背景，如黑色、黄色等。

7.3.2 使用Photoshop添加细节

▶01 在Photoshop中执行"新建"|"文件"命令，新建一个宽度为16060像素、高度为8460像素、分辨率为200像素/英寸的文档。

▶02 选择"矩形工具" ▭，设置填充色为青色（#2c7270），描边为无，拖曳光标绘制矩形，如图7-26所示。

图7-26

▶03 设置前景色为浅灰色（#efefef），按快捷键Alt+Delete填充前景色，如图7-27所示。

图7-27

▶04 选择"椭圆工具" ⬭，设置填充色为白色，描边为无，按住Shift键拖曳光标绘制半径不一的正圆，如图7-28所示。

图7-28

▶05 选择"矩形工具" ▭，设置填充色为青色（#248a74），描边为橙色（#cf9352），自定义描边宽度与圆角半径，拖曳光标绘制圆角矩形，如图7-29所示。

▶06 导入"板书.png"素材，调整尺寸后放置在合适的位置，如图7-30所示。

图7-29

图7-30

07 导入"装饰元素.png"素材，放置在页面的上方，如图7-31所示。

图7-31

08 在Midjourney中输入英文关键词"The little elephant on the ground, holding a book in his hand, with a white background, children's book illustration style, flat light, vector art, and a white background --ar 4:3 --niji"，按Enter键，等待系统出图，如图7-32所示。

09 在Midjourney中输入英文关键词"The little fox on the ground, holding a book in his hand, with a white background, children's book illustration style, flat light, vector art, and a white background --ar 4:3 --niji"，按Enter键，等待系统出图，如图7-33所示。

图7-32

图7-33

10 在Midjourney中输入英文关键词"The little owl on the ground, holding a book in his hand, with a white background, children's book illustration style, flat light, vector art, and a white background --ar 4:3 --niji"，按Enter键，等待系统出图，如图7-34所示。

图7-34

11 在Midjourney中输入英文关键词"The little tiger on the ground, holding a book in his hand, with a white background, children's book illustration style, flat light, vector art, and a white background --ar 4:3 --niji", 按Enter键, 等待系统出图, 如图7-35 所示。

图7-35

> **提示** 替换关键词中的对象名称, 如将lion 替换成elephant、fox、owl、tiger, 能以相同的绘画风格输出对象不同的图。

▶12 选择合适的图像, 裁剪后去除背景, 调整尺寸, 排列效果如图7-36所示。

图7-36

▶13 导入"书本.png"素材, 放置在猫头鹰的下方, 结果如图7-37所示。

图7-37

7.3.3 最终结果

将前景色设置为深青色（#175553）, 新建一个图层, 选择"画笔工具" ✏, 在动物的站立点绘制阴影, 结果如图7-38所示。

图7-38

7.4 运营插画：电商促销Banner

这一节使用Stable Diffusion创作电商插图。首先输入英文关键词, 根据输出结果来二次调整关键词, 直至图像符合预期为止。接着将选中的图像导入Photoshop, 去除白色背景, 输入说明文字, 布置装饰元素, 完成Banner的绘制。

7.4.1 使用Stable Diffusion制作购物背景

在Stable Diffusion中输入英文关键词 "A young woman with long hair in a yellow dress sat on the sofa, holding a mobile phone in her hand. Her whole body color is saturated, simple, with a white background, colorful illustrations, minimalism, vectors, and a behavioral style through relaxation and Dropbox", 单击右上角的"生成"按钮, 等待系统出图即可。

关键词的中文翻译为"穿黄色连衣裙的长发女子坐在沙发上, 手里拿着一个手机, 全身, 颜色饱和, 简单, 白色背景, 彩色插图, 简单最小化, 矢量, 松弛, Dropbox, 行为风格"。

从众多的出图结果中选择效果较好的四张, 如图7-39所示。选择第4张图像作为本节例图。

图7-39

7.4.2 在Photoshop中进行排版

▶01 在Photoshop中新建一个宽度为4800像素、高度为2000像素、分辨率为300像素/英寸的文档，为"背景"图层填充任意颜色，如图7-40所示。

▶02 解锁"背景"图层，此时显示为"图层0"。

双击"图层0"，在"图层样式"对话框中添加"渐变叠加"样式，参数设置如图7-41所示。

图7-40

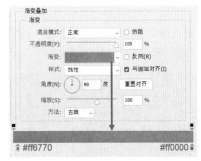

图7-41

▶03 单击"确定"按钮关闭对话框，效果如图7-42所示。

图7-42

▶04 选择"自定形状工具" ，设置填充色为任意色，如红色，在"形状"列表中选择爱心形状 形状: ，按住Shift键等比例绘制爱心形状，如图7-43所示。

图7-43

▶05 双击"爱心形状"图层，在"图层样式"对话框中添加"渐变叠加"样式，参数设置如图7-44所示。

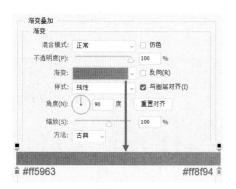

图7-44

▶06 单击"确定"按钮关闭对话框,添加渐变叠加效果的爱心形状如图7-45所示。

图7-45

▶07 选择"横排文字工具"**T**,选择合适的字体与字号,在画面的左侧输入白色文字,如图7-46所示。

图7-46

▶08 选择"矩形工具"□,设置填充色为黄色(#fdd365),描边为无,自定义圆角半径,拖曳光标绘制圆角矩形,如图7-47所示。

图7-47

▶09 在"圆角矩形1"图层上新建一个图层,选择"画笔工具",在文字上涂抹黄色(#ffed4b)与橙色(#fc7e23)色块,并创建剪贴蒙版,使色块的显示效果被限制在矩形之内,如图7-48所示。

图7-48

▶10 选择所有的文字,按快捷键Ctrl+G成组,双击组,在"图层样式"对话框中添加"投影"样式,参数设置如图7-49所示。

图7-49

▶11 单击"确定"按钮关闭对话框,为文字添加投影后增加其立体感,效果如图7-50所示。

图7-50

▶12 选择"购"字,将颜色更改为黄色(#fece54),如图7-51所示。

图7-51

▶13 导入"人物.png"素材，放置在画面的右侧，如图7-52所示。

图7-52

▶14 导入"礼盒.png"素材，放置在人物的周围，如图7-53所示。

图7-53

▶15 导入"购物袋.png"素材，调整尺寸与角度，放置在合适的位置，如图7-54所示。

图7-54

▶16 导入"红包.png""口红.png""圆点.png"素材，放置在画面的合适位置，如图7-55所示。

▶17 导入"气球.png""背心.png"素材，继续丰富画面效果，如图7-56所示。

图7-55

图7-56

7.4.3 最终结果

将"纹理.png"素材放置在画面上，增强画面的动感。执行"文件"|"导出"|"导出为"命令，在"导出为"对话框中设置参数，包括图像的格式、尺寸等，单击"导出"按钮，输入名称，选择存储路径，单击"保存"按钮即可，最终效果如图7-57所示。

图7-57

7.5 包装插画：零食包装袋

本节介绍零食包装袋的绘制方法。首先在Midjourney中输入关键词，在生成的图像中选择合适的一张将其放大，再存储至计算机中。将图像导入Photoshop，去除背景，放在新建的文档中，最后添加文字、装饰元素，完成绘制。

7.5.1　使用Midjourney创建动物插画

在Midjourney中输入英文关键词"Cute squirrel eating nuts, white background, children's book illustration style, award-winning book illustration, flat light, vector art, white background --ar 3:4 --niji 5"，按Enter键，等待片刻，观察出图结果，如图7-58所示。

关键词的中文翻译为"可爱的松鼠在吃坚果，白色背景，儿童书籍插图风格，获奖书籍插图，平面光，矢量艺术，白色背景 --ar 3:4 --niji 5"。

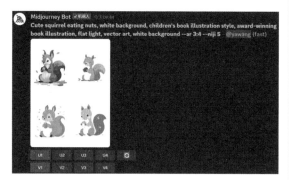

图7-58

在图像下方单击U1按钮，即将左上角的图像放大，等待片刻，放大图像的结果如图7-59所示，将其存储至计算机方便调用。

图7-59

7.5.2　在Photoshop中绘制包装正面

▶01 在Photoshop中执行"文件"|"新建"命令，新建一个宽度为3070像素、高度为4250像素、分辨率为300像素/英寸的文档。设置前景色为浅橙色（#ecdcc9），按快捷键Alt+Delete填充前景色，结果如图7-60所示。

图7-60

▶02 选择"矩形工具"⬜，设置填充色为橙色（#ecd4b8），描边为无，拖曳光标绘制矩形，如图7-61所示。

图7-61

▶03 选择矩形，按住Alt键向右等距复制，结果如图7-62所示。

图7-62

▶04 选择"钢笔工具"✐，设置填充色为黄色

（#da9912），描边为无，指定锚点绘制形状，如图**7-63**所示。

图7-63

▶**05** 继续使用"钢笔工具"🖋，设置填充为无，描边为白色，宽度为50，在黄色形状内部绘制白色边框，如图**7-64**所示。

图7-64

▶**06** 重复使用"钢笔工具"🖋绘制三角形，结果如图**7-65**所示。

图7-65

▶**07** 选择"横排文字工具"**T**，选择合适的字体与字号，分别输入白色与深红色（#773a32）文字，结果如图**7-66**所示。

图7-66

▶**08** 双击白色的"果"字图层，在弹出的"图层样式"对话框中添加"描边"样式，参数设置如图**7-67**所示。

图7-67

▶**09** 单击"确定"按钮关闭对话框，为文字添加描边，结果如图**7-68**所示。

图7-68

▶**10** 继续使用"横排文字工具"**T**，选择合适的字体与字号，输入白色的英文，如图7-69所示。

图7-69

▶**11** 导入从Midjourney中生成的松鼠图像，去除背景，放置在页面中的合适位置，如图7-70所示。

图7-70

▶**12** 选择"矩形工具" ▢，设置填充色为白色，描边为黑色，自定义描边宽度与圆角半径，拖曳光标绘制圆角矩形，如图7-71所示。

图7-71

▶**13** 继续绘制矩形，并将描边的线形设置为虚线，如图7-72所示。

图7-72

▶**14** 使用"横排文字工具" **T**，选择合适的字体与字号，在矩形内部输入说明文字，再继续输入净含量，如图7-73所示。

图7-73

▶**15** 导入坚果素材，调整尺寸后放置在合适的位置，如图7-74所示。

图7-74

▶16 在坚果的下方新建一个图层，将前景色设置为浅灰色（#bea08a），选择"画笔工具"，为坚果绘制阴影，如图7-75所示。

图7-75

▶17 继续新建图层，更改前景色为棕色（#a67c24），为栗子和夏威夷果绘制阴影，如图7-76所示。

图7-76

▶18 包装袋正面的绘制结果如图7-77所示。

图7-77

▶19 执行"文件"|"导出"|"快速导出为PNG"命令，如图7-78所示，将绘制结果导出为图像文件。

图7-78

7.5.3　在Photoshop中绘制包装反面

▶01 复制绘制完成的"包装正面.psd"文件，删除多余的内容，调整松鼠的尺寸与位置，如图7-79所示。

图7-79

▶02 使用"横排文字工具"，选择合适的字体与字号，输入黑色的标题与配料表文字，如图 7-80所示。

图7-80

03 选择"直线工具" ⊿，设置填充色为深红色（#773a32），自定义粗细值，在配料表的下方绘制表格，如图7-81所示。

图7-81

04 使用"横排文字工具" **T**，选择合适的字体与字号，在表格内输入营养成分说明文字，如图7-82所示。

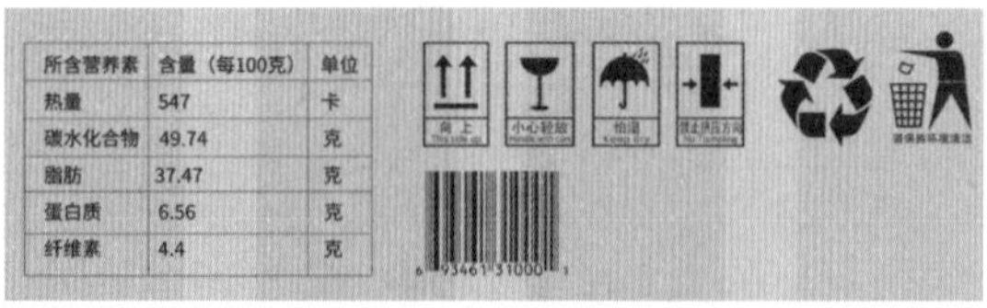

所含营养素	含量（每100克）	单位
热量	547	卡
碳水化合物	49.74	克
脂肪	37.47	克
蛋白质	6.56	克
纤维素	4.4	克

图7-82

05 导入图标素材，放置在营养成分表的右侧，注意间距与尺寸，如图7-83所示。

图7-83

06 包装反面的绘制结果如图7-84所示。

07 执行"文件"|"导出"|"快速导出为PNG"命令，将绘制结果导出为图像文件。

图7-84

7.5.4 导入样机

01 打开"包装样机.psd"文件，如图7-85所示。

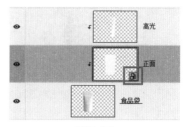

图7-85

02 在"图层"面板中双击"正面"图层右下角的图标，如图7-86所示，进入智能对象编辑文档。

图7-86

03 导入绘制完成的"包装正面.png"文件，按快捷键Ctrl+A全选，按快捷键Ctrl+C复制，在智能对象编辑文档中按快捷键Ctrl+V粘贴，调整图像的尺寸，如图7-87所示。

图7-87

▶04 按快捷键Ctrl+S保存，返回样机文档，观察为样机赋予包装图案的效果，如图7-88所示。

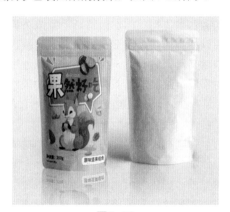

图7-88

▶05 重复上述操作，为包装背面赋予图案，结果如图7-89所示。

图7-89

7.6 插画设计练习

在Midjourney中输入关键词，生成中国水墨画，经过裁剪、编辑，使之符合绘制海报的要求。在Photoshop中新建一个文档，编排图像与文字要素，绘制春分节气海报，结果如图7-90所示。

图7-90

7.7 课后习题

在Stable Diffusion中输入关键词，经过多次调整、出图，从中选择一张合适的图像。将图像导入Photoshop，根据使用情况编辑图像，添加背景、装饰元素、文案，完成在线教育Banner的绘制，如图7-91所示。

图7-91

第8章 字体设计

在本章中介绍几种常见字体的制作方法，包括海报字体、节日字体、电商字体以及游戏字体。利用Midjourney与Stable Diffusion制作背景图，再根据不同的情景去设计字体。章节末尾的"每章一练"与"课后习题"供读者练习，巩固所学知识。

8.1 字体的类型

字体的类型多种多样，限于篇幅无法在此逐一介绍，选择其中四种来介绍，包括海报字体、节日字体、电商字体以及游戏字体。本节先对这几种字体有一个大致的了解，以便接下来进入实操阶段。

8.1.1 字体设计的创意方法

1. 塑造笔形

笔形是构成文字中的笔画的基本形象，在笔形的塑造中要善于总结、敢于想象、富于创造。创造出一种新型的字体，塑造笔形是关键。

2. 变换结构

在字体构成中，变换结构是体现字体创意表现的主要手法。变换结构要基于字体现有的结构规律，通过创意性的变化和转换创造出各种新的结构，使文字展现出新颖的效果。

3. 重组笔形

字体的笔形有着非常丰富的构成，并以鲜明的形象风格展现出种种活力。汉字字体中的宋体、黑体等，拉丁字体中的古罗马体、现代罗马体等，都表现笔形的个性特征。以笔形为基调，经过重组的过程，将会繁衍出更多笔形风格的字体。

4. 变换笔形

字体的笔形相对于某一规定的字体是不能改变的，如宋体、黑体。但对于创意性字体，可以通过种种变换手法来处理，带来别具一格的新型字形。变换笔形的方法有多种，如突变、无理旋转、叠加、过度变换、互衬等。

5. 结构中的形象叠加

在字体结构中充分运用形象改变原有的结构风格，能从字体构成的本质特征上形成突破性个性，或以抽象的线形改变结构的局部笔画，或以简洁的喻义形象转借某一旁笔画，都能通过形象叠加的不同手法塑造出新型的字体结构风格，方法有形象衬叠、互依形象的转借、形象转借等。

6. 变化黑白区关系

由字体笔画构成的实体称为黑区，与笔画相依的虚体部分称为白区，黑白区的分界主要体现于实体笔画与虚体非笔画间的交界。很多字体风格的形成和变化，只是将这种分界线稍作移动，就会形成截然不同的字体创意风格。

7. 突破字体的外形

无论汉字还是拉丁字体，在遵循字体总体外形规范的基础上，可有所选择地将其中一到两个笔画突破外形的界定，或向外延伸、相连，或收缩、与其他笔画相依，其次还可根据具体表现主题的需要将字体变化成各种无机形态。

8. 结构的再设计

字体的结构在自身长期的发展中虽已形成种种规范化的个性特征，它们都以程式化的偏旁部首、笔画的编排构成字体的定性规律。但随着社会各项综合因素的发展，人们要求各种视觉传媒形式的个性化发展，字体的结构必须顺应时代的要求，在结构的构成法则上有所创建。结构的再设计，是在传统字体结构的基础上，有所创新地打破原有字体结构规范，根据视觉形象的新型审美观，将某些偏旁部首突破原有结构的组合规律，在编排上开创新型的结构。

8.1.2 字体类型

1. 海报字体

不同类型的海报，为了达到传达信息的目的会选择不同的字体。

图8-1所示为公益宣传海报，向公众传达诚信为本、正义维权的信息。为了增强视觉冲击力，选择厚重的字体，并以盾牌为界线，将添加金箔纹理的文字容纳其中。以图案加文字的组合方式表达宣传主题。

图8-1

图8-2所示为饮食促销海报。在海报中将主体（即奶茶）放置在画面的中间，在主体周围添加主标题与副标题。标题选择黑体，文字颜色与主体同色系，添加外发光与渐隐效果，活泼且具有引导性，能吸引受众注意力。在主体的下方添加副标题，叙述相关售卖信息。

图8-3所示为洗发水促销海报。主体（即洗发水）位于画面的右下角，为了保持画面的平衡，将主标题放置在左上角。字体经过创意设计，符合宣传主题，即"养发护发"，对文字的笔画进

行延长、扭曲，使其具有飘逸感，能更好地突出诉求，吸引用户注意。

图8-2

图8-3

2. 节日字体

在制作节日字体时，可以将节日元素添加到字体中。

图8-4所示为"春"创意字体的设计结果。在构思创意时，可以联想与"春"相关的元素，如春节、中国红、古典、祥云、窗花、雪花、福字等。选取其中几种元素，与文字进行组合设计，便可得到富含节日气息的字体。

图8-4

图8-5所示为小雪节气字体的制作效果。小雪节气会让人联想到寒冷、雪花、冰块等意象，所以在创作的过程中加入这些元素，再以卡通字体的方式来表现结果，既符合情景又活泼有趣。

图8-5

图8-6所示为年份字体的制作效果。2024年为龙年，在制作字体时可以添加"龙"的元素。将元素与文字结合的方法有多种，本例选择镂空数字，可以将龙纹嵌入其中，适当留白，传达龙的形象。

图8-6

3. 电商字体

在如火如荼的网络购物环境下，商品信息的传达成为电商的重点。

图8-7所示为电商字体的制作结果。以新店开业为契机，举行优惠大酬宾活动，旨在打响店铺知名度，吸引客流。醒目的促销信息能让观者在众多的广告中一眼相中，引发深入了解的兴趣。明亮、鲜艳、活泼的标题能快速吸引观众眼球，引导观众进入网页浏览详细信息，进而促使他们购买。

图8-7

图8-8所示为节日促销字体的制作结果。针对某些节日，如情人节、黄金周等，电商会举行促销优惠活动，吸引用户购买。在制作广告字体时，应该先了解本次促销活动主要客户群体的属性，包括性别、年龄、职业等，有针对性地制作、投放广告，才能得到良好的效果。520优惠促销主要面对年轻群体，因此在制作标题文字时可以倾向于轻松、俏皮、艳丽等风格，符合年轻人口味，增强该群体对品牌的好感度。

图8-8

4. 游戏字体

游戏界面除了有灵巧活泼的各类图形元素，文字也必不可少，能为玩家提供必要的游戏指导。

图8-9所示为像素风格的图形与文字制作效果。像素风格既活泼又显笨拙，可爱又不失灵动，在许多游戏程序中都有应用。再添加鲜艳的颜色，显眼且热烈。

图8-10所示为竞技类游戏字体的制作方法。在制作这类字体时，可以为文字添加纹理质感，使文字与游戏风格更匹配。在本例中为文字添加

铁锈纹理，斑驳的文字符合游戏"绝地求生"的概念。

图8-9

图8-10

8.2 海报字体：传统节气字体

本节介绍节气字体的绘制。底图使用Midjourney来制作，在输入关键词时可以添加艺术家，使出图结果更有偏向性，如本节的关键词中添加了画家吴冠中的名字，绘制的山水画更具有个性。在Photoshop中创作字体，可以先输入黑体或宋体等格式比较规整的文字，在此基础上进行变形、创造，可以防止在绘制的过程中失去比例，影响最终效果。

8.2.1 使用Midjourney创建山水画

在Midjourney中输入英文关键词"The distant view is of high mountains, the sun, and the close shot is of rivers. In the early winter season, Chinese painting, Wu Guanzhong --ar 3:4"，按Enter键，稍等片刻，出图结果如图8-11所示。

关键词的中文翻译为"远景是高山，太阳，近景是河流，初冬季节，中国画，吴冠中，--ar 3:4"。

单击左下角的U1按钮，放大左上角的图像，最终结果如图8-12所示。

图8-11

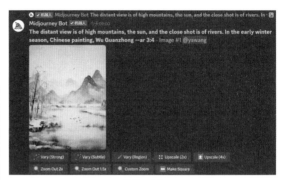

图8-12

8.2.2 在Photoshop中绘制节气字体

▶01 在Photoshop中执行"文件"|"新建"命令，新建一个宽度为7090像素、高度为10630像素、分辨率为300像素/英寸的文档。

▶02 选择"横排文字工具"T，选择合适的字体与字号，输入蓝色（#28618c）文字，调整排版方式为竖排，如图8-13所示。

▶03 选择"文字"图层，右击，在弹出的快捷菜单中选择"栅格化文字"选项，如图8-14所示，栅格化"文字"图层，方便进行编辑。

图8-13   图8-14

▶**04** 选择"矩形选框工具"⬚，选择"白"字的笔画，如图8-15所示。

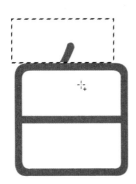

图8-15

▶**05** 按Delete键删除选框内的笔画，结果如图8-16所示。

图8-16

▶**06** 重复操作，继续删除其他笔画，如图8-17所示。

图8-17

▶**07** 选择"三角形工具"△，设置填充色为蓝色（#28618c），描边为无，拖曳光标绘制三角形，如图8-18所示。

图8-18

▶**08** 选择"椭圆工具"◯，设置填充色为无，描边为蓝色（#28618c），按住Shift键绘制两个圆圈，如图8-19所示。

图8-19

▶**09** 选择圆圈，切换至"直接选择工具"▷，单击选择端点，如图8-20所示。

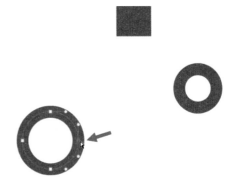

图8-20

▶**10** 按Delete键，弹出提示对话框，如图8-21所示，单击"是"按钮即可。

图8-21

▶11 删除端点后，仅剩半圆，如图8-22所示。

图8-22

▶12 重复操作，继续编辑另一个圆圈，结果如图8-23所示。

图8-23

▶13 选择"钢笔工具" 🖊，设置填充色为无，描边为蓝色（#28618c），自定义描边宽度，按住Shift键单击起点与终点，绘制直线，如图8-24所示。

图8-24

▶14 重复操作，继续绘制直线，结果如图 8-25 所示。

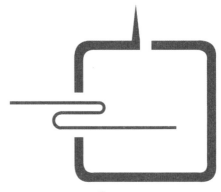

图8-25

▶15 选择"椭圆工具" ⬭，设置填充色为无，描边为蓝色（#28618c），按住Shift键绘制正圆，如图8-26所示。

图8-26

▶16 按住Alt键移动复制正圆，如图8-27所示。

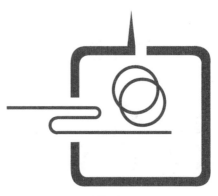

图8-27

▶17 选择两个圆，按快捷键Ctrl+E合并，然后右击，在弹出的快捷菜单中选择"栅格化图层"

选项。切换至"橡皮擦工具"，删除多余的部分，如图8-28所示。

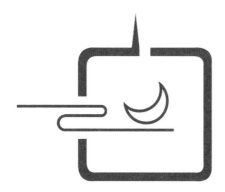

图8-28

▶18 使用"矩形选框工具"，框选"露"字的部分笔画，按Delete键删除，如图8-29所示。

图8-29

▶19 使用"椭圆工具"、"钢笔工具"绘制半圆与直线，结果如图8-30所示。

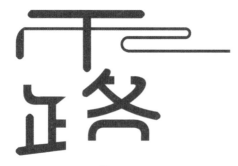

图8-30

▶20 重复操作，继续绘制半圆与直线图形，如图8-31所示。

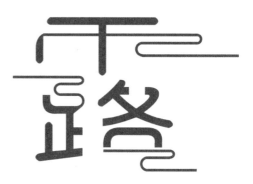

图8-31

▶21 选择"椭圆工具"，设置填充色为蓝色（#28618c），描边为无，按住Shift键绘制正圆，如图8-32所示。

图8-32

▶22 选择"转换点工具"，单击圆形顶部端点，端点转换成尖角。切换至"直接选择工具"，选择端点并按住鼠标左键向上移动，调整结果如图8-33所示。

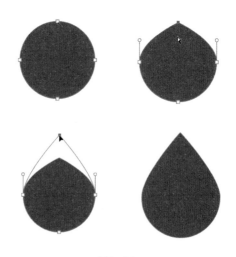

图8-33

▶23 重复操作，继续调整其他圆形，结果如图8-34所示。

图8-34

▶24 选择"横排文字工具"**T**，输入大写英文，如图8-35所示。

图8-35

▶25 继续上述操作，输入中文，竖排版，结果如图8-36所示。

图8-36

▶26 选择"钢笔工具"✐，设置填充色为无，描

边为蓝色（#28618c），线形为虚线，自定义宽度，按住Shift键绘制垂直线段，如图8-37所示。

图8-37

8.2.3 最终结果

▶01 将选中的例图导入Photoshop，调整尺寸与位置，如图8-38所示。

图8-38

▶02 为例图添加图层蒙版，将前景色设置为黑色，选择"画笔工具"✐在蒙版上涂抹，结果如图8-39所示。

▶03 在例图上添加"曲线"调整图层，在曲线上放置锚点，调整锚点的位置，提高图像的亮度，如图8-40所示。

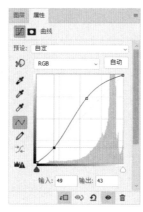

图8-39   图8-40

▶04 放置绘制完成的文字，结果如图8-41所示。

图8-41

▶05 使用"横排文字工具" T，选择字体与字号，在合适的位置输入文字，完成白露节气海报的绘制，结果如图8-42所示。

图8-42

8.3 节日字体：元宵节创意字体

本节介绍元宵节创意字体的绘制。使用Stable Diffusion绘制雪夜图像，从出图结果中选择满意的一张作为背景。在Photoshop中参考标准文字制作创意文字，绘制结束后需要调整细节，使创意文字更加精致美观。

8.3.1　使用Stable Diffusion制作雪夜背景

在Stable Diffusion中输入英文关键词"On winter nights, snowflakes fall and the moon hangs in the sky, with a flat illustration style, tough lines, and bright color schemes."单击右上角的"生成"按钮，等待系统出图。经过多次出图后，选择效果较好的4张展示，如图8-43所示。选择第4张图像作为本节例图。

关键词的中文翻译为"冬日的夜晚，雪花飘落，月亮悬挂天际，平面插画风格，硬朗的线条，明亮的配色。"

图8-43

8.3.2　在Photoshop中绘制创意文字

▶01 在Photoshop中执行"文件"|"新建"命令，新建一个宽度为3540像素、高度为5320像素、分辨率为300像素/英寸的文档。

▶02 选择"横排文字工具" T，选择黑体，在文档中输入黑色文字，如图8-44所示。

图8-44

▶03 降低文字图层的"不透明度"为30%，如图8-45所示，并锁定图层，方便在此基础上绘制创意文字。

图8-45

▶04 选择"矩形工具" □，设置填充色为无，描边为黑色，单独设置右上角的圆角半径，参数值自定义，拖曳光标绘制边框，如图8-46所示。

▶05 切换至"矩形选框工具" □，框选待删除的内容，如图8-47所示。

▶06 按Delete键删除选框内容，如图8-48所示。

▶07 重复上述操作，继续选择内容，按Delete键删除，如图8-49所示。

图8-46

图8-47

图8-48

图8-49

图8-51

▶08 框选右下角区域,按快捷键Ctrl+T进入自由变换模式,如图8-50所示。

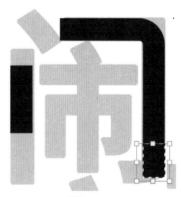
图8-50

图8-52

▶09 将光标放置在定界框的右下角,按住鼠标左键不放旋转选中的部分笔画,按键盘上的方向键进行微调,如图8-51所示。

▶10 重复上述操作,使用"矩形选框工具"绘制其余的笔画,如图8-52所示。

▶11 选择"椭圆工具"⭕,设置填充色为无,描边为黑色,自定义描边宽度,按住Shift键拖曳光标绘制正圆,如图8-53所示。

▶12 选择"闹"字中的部分笔画,按Alt键向左下角移动复制。再使用"矩形选框工具"▢框选右侧笔画,如图8-54所示。

▶13 切换至"移动工具"✛,向右移动选中的笔画,如图8-55所示。

图8-53

键Ctrl+T进入自由变换模式，激活并移动定界点，调整笔画长度的结果如图8-59所示。

图8-57

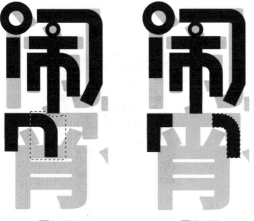

图8-54　　　　　图8-55

▶14 框选左侧笔画的一部分，如图8-56所示。

图8-56

▶15 按快捷键Ctrl+T进入自由变换模式，光标置于右侧定界点上，按住Shift键激活定界点并向右移动，使之与右侧笔画相接，如图8-57所示。

▶16 继续复制"闹"字的笔画，并向下移动，如图8-58所示。

▶17 使用"矩形选框工具" 框选笔画，按快捷

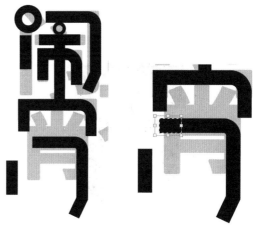

图8-58　　　　　图8-59

▶18 框选左侧垂直笔画，将其移动至合适位置，如图8-60所示。

▶19 框选右下角的弯钩，如图8-61所示。

图8-60　　　　　图8-61

20 切换至"移动工具"✛，向上移动选中的笔画，如图8-62所示。

图8-62

21 选择"矩形工具"▢，绘制黑色矩形，如图8-63所示。

图8-63

22 选择"椭圆工具"◯，设置填充色为无，描边为黑色，自定义描边宽度，按住Shift键拖曳光标绘制正圆，如图8-64所示。

图8-64

23 使用"矩形选框工具"▦框选笔画，如图8-65所示。

图8-65

24 按Delete键删除选中的笔画，结果如图8-66所示。

图8-66

25 选择"矩形工具"▢，参考标准文字绘制黑色矩形，如图8-67所示。

图8-67

26 继续绘制笔画，完成"元"字的绘制，如图8-68所示。

27 绘制完成后，再次调整文字的笔画，包括尺寸与位置，最终结果如图8-69所示。

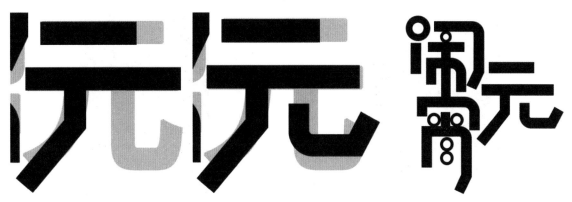

图8-68 图8-69

8.3.3 制作背景

▶01 暂时把绘制完毕的创意字体隐藏，接着绘制背景。选择"渐变工具"，颜色参数设置如图8-70所示。

图8-70

▶02 单击"确定"按钮关闭对话框，在"背景"图层上拖曳光标绘制线性渐变，如图8-71所示。

图8-71

▶03 将选中的雪夜图像导入进来，放置在合适的位置，如图8-72所示。

图8-72

▶04 执行"滤镜"|"模糊"|"高斯模糊"命令，在打开的对话框中设置"半径"值，如图8-73所示。

图8-73

▶05 单击"确定"按钮为图像添加模糊效果，效果如图8-74所示。

图8-74

▶06 选择"钢笔工具" ⬚，设置填充色为任意色，如红色，描边为无，指定锚点绘制闭合形状，如图8-75所示。

图8-75

▶07 双击"形状"图层，在"图层样式"对话框中添加"渐变叠加"样式，参数设置如图8-76所示。

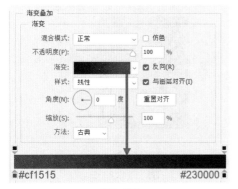

图8-76

▶08 单击"确定"按钮关闭对话框，为形状添加渐变叠加，效果如图8-77所示。

图8-77

▶09 按住Ctrl键单击"形状"图层，创建选区，如图8-78所示。

图8-78

▶10 暂时关闭"形状"图层，仅显示选区，如图8-79所示。

图8-79

▶11 将前景色设置为黑色，背景色设置为白色。新建一个图层，切换至"渐变工具" ▣，选择

"从前景色到透明渐变"样式，拖曳光标在选区内绘制线性渐变，并将图层的"不透明度"更改为70%。为了方便观察绘制效果，在该图层下方新建一个白色图层，如图8-80所示。

图8-80

▶12 删除白色图层，恢复显示"形状"图层，此时的绘制结果如图8-81所示。

图8-81

▶13 选择绘制完成的图形，按住Alt键向右移动复制，并执行水平翻转操作来调整方向，如图8-82所示。

图8-82

▶14 重复操作，继续绘制形状，如图8-83所示。

图8-83

▶15 双击"形状"图层，在"图层样式"对话框中添加"描边"样式，将其"填充类型"设置为"渐变"，参数设置如图8-84所示。

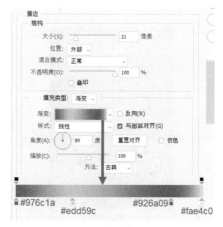

图8-84

▶16 单击"确定"按钮，为形状添加渐变描边，效果如图8-85所示。

图8-85

▶17 选择"椭圆工具" ⬭，设置填充色为红色
（#b51e13），描边为金色（#ffc412），自定义描
边宽度，按住Shift键绘制正圆，如图8-86所示。

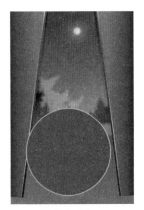

图8-86

▶18 选择正圆，按住Alt键移动复制，并调整位置
关系，如图8-87所示。

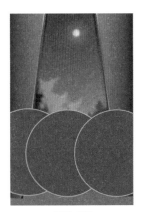

图8-87

▶19 导入"福娃.png"素材，调整尺寸，放置在
合适的位置，如图8-88所示。

图8-88

▶20 双击"福娃"图层，在"图层样式"对话框
中添加"投影"样式，参数设置如图8-89所示。

图8-89

▶21 单击"确定"按钮关闭对话框，添加投影的
结果如图8-90所示。

图8-90

▶22 在"福娃"图层的下方新建一个图层，将前景
色设置为黑色，使用"画笔工具" ✐绘制阴影，并
将图层的"不透明度"更改为45%，如图8-91所示。

图8-91

▶23 导入"梅花.png"素材，将其放置在画面的
左下角与右下角，如图8-92所示。

▶24 导入"雪花.png"素材，放置在画面的顶部
和底部，如图8-93所示。

▶25 导入"云朵.png"素材，放置在页面的下方，如图8-94所示。

图8-92　　　　　　　　图8-93　　　　　　　　图8-94

▶26 将导入的"灯笼.png"素材放置在页面的左右两侧，如图8-95所示。

图8-95

▶27 双击"灯笼"图层，在"图层样式"对话框中添加"投影"样式，参数设置如图8-96所示。

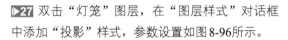

图8-96

▶28 单击"确定"按钮关闭对话框，为灯笼添加投影，效果如图8-97所示。

图8-97

▶29 恢复显示创意文字，如图8-98所示。

图8-98

▶30 双击"文字"图层，在"图层样式"对话框中添加"描边"样式，参数设置如图8-99所示。

图8-99

▶31 添加"渐变叠加"样式，设置"混合模式"为"正常"，设置"不透明度"为100%，设置"样式"为"线性"，其他参数设置如图8-100所示。

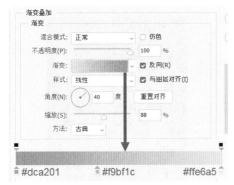

图8-100

▶32 单击"确定"按钮，为文字添加样式的效果如图8-101所示。

图8-101

▶33 将前景色设置为白色，在"文字"图层下方新建一个图层。使用"画笔工具" ✎涂抹，掩盖"元"字两侧的空隙，如图8-102所示。

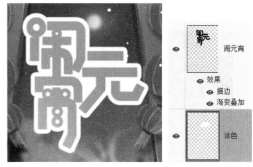

图8-102

▶34 选择"矩形工具" □，设置填充色为红色（#cf1515），描边为无，自定义圆角半径，拖曳光标绘制矩形，如图8-103所示。

▶35 复制矩形，向内缩放，更改填充色为无，描边为白色，自定义描边宽度与圆角半径，修改结果如图8-104所示。

图8-103   图8-104

▶36 选择"横排文字工具" **T**，选择字体与字号，在矩形上方与左侧输入白色文字，如图8-105所示。

图8-105

8.3.4 最终结果

▶01 导入"纹理.png"素材，将其放置在"图层"面板的顶层，为页面添加肌理效果，放大显示页面的局部，观察添加肌理的效果，如图8-106所示。

图8-106

▶02 元宵节海报的绘制结果如图8-107所示。

图8-107

8.4 电商字体：电商促销字体

本节介绍电商促销字体的制作。促销海报中的人物使用Midjourney来创建，在撰写关键词时输入3D人物、C4D等描述语可以指定人物的风格。最后在Photoshop中创建字体、添加背景与装饰元素。

8.4.1 使用Midjourney创建三维人物

在Midjourney中输入关键词"A girl holding a mobile phone, 16 years old, full body, ponytail tied, big eyes, smiling happily, wearing a white T-shirt,

brown pants, green sneakers, full body, Pixar style, 3D characters, cartoon style, Hayao Miyazaki, C4D, octane rendering, ultra high definition，8k --ar 4:3 --niji 5"，按Enter键，稍等片刻，查看出图结果，如图8-108所示。

关键词的中文翻译为"一个女孩拿着手机，16岁，全身，扎马尾，大眼睛，开心地微笑，穿着白色的T恤，绿色裤子，绿色运动鞋，全身，皮克斯风格，3D人物，卡通风格，宫崎骏，C4D，辛烷值渲染，超高清，8k --ar 4:3 --niji 5"。

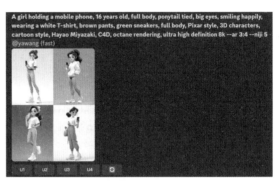

图8-108

8.4.2 在Photoshop中制作电商字体

▶01 在Photoshop中执行"新建"|"文件"命令，新建一个宽度为1240像素、高度为2210像素、分辨率为300像素/英寸的文档。

▶02 选择"横排文字工具"**T**，选择合适的字体与字号，输入红色文字，如图8-109所示。

预售双11
爆款抢半价

图8-109

▶03 选择"文字"图层，按快捷键Ctrl+J复制，按键盘上的方向键调整文字的方向，并更改文字的颜色为黄色，如图8-110所示。

▶04 重复上述操作，继续复制、移动文字，将文字的颜色设置为白色，如图8-111所示。

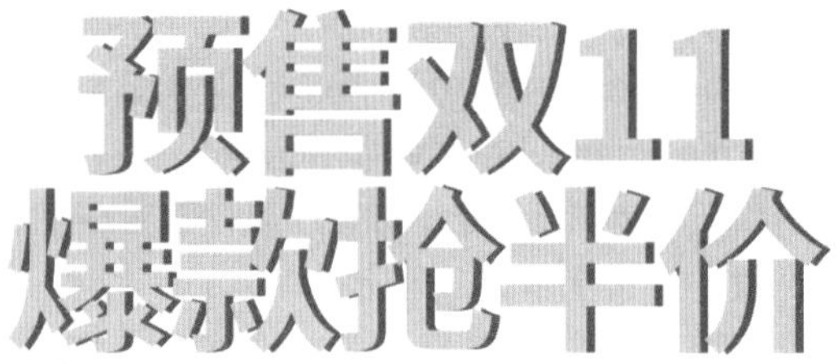

图8-110

图8-111

▶05 选择三个文字图层，按快捷键Ctrl+G成组。双击组，在"图层样式"对话框中添加"描边"样式，参数设置如图8-112所示。

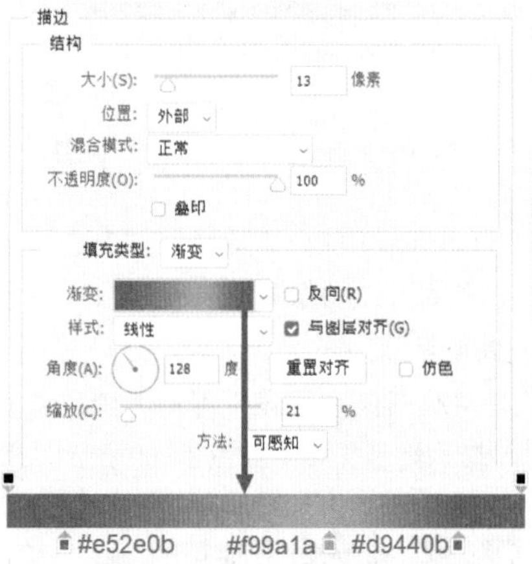

描边
结构
大小(S)　　　　　　　　　13　像素
位置：外部
混合模式：正常
不透明度(O)　　　　　　　100　%
　　　　　□叠印

填充类型：渐变
渐变　　　　　　　　　□反向(R)
样式：线性　　　　　　☑与图层对齐(G)
角度(A)：128　度　　　重置对齐　□仿色
缩放(C)：　　　　　　　21　%
方法：可感知

📷 #e52e0b　　#f99a1a 📷 #d9440b 📷

图8-112

▶06 继续添加"描边"样式，参数设置如图8-113所示。

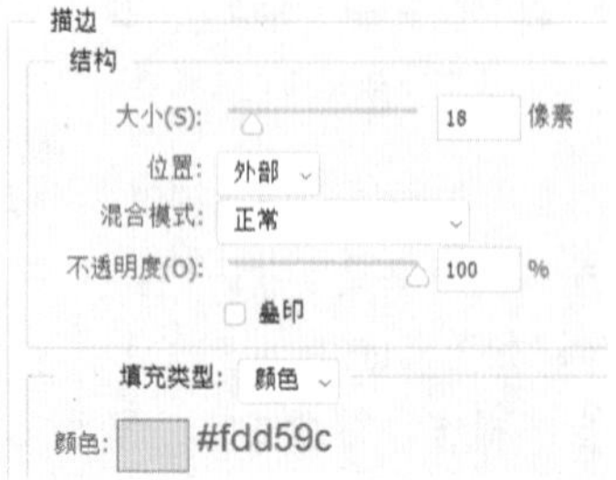

描边
结构
大小(S)　　　　　　　　18　像素
位置：外部
混合模式：正常
不透明度(O)　　　　　　100　%
　　　　　□叠印

填充类型：颜色
颜色：　　#fdd59c

图8-113

▶07 单击"确定"按钮关闭对话框，效果如图8-114所示。

图8-114

▶08 选择文字组，按快捷键Ctrl+J复制，按快捷键Ctrl+E合并。按住Ctrl键单击合并图层的缩略图，创建选区，如图8-115所示。

图8-115

▶09 执行"选项"|"修改"|"扩展"命令，在"扩展选区"对话框中设置参数，如图8-116所示。

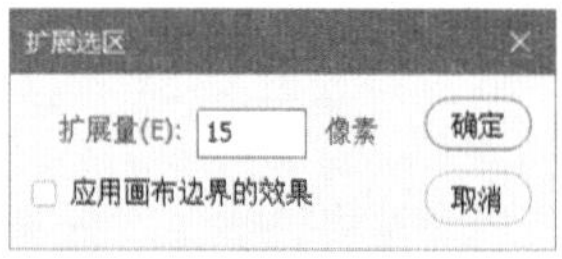

扩展选区　　　　　　　　　×
扩展量(E)：15　像素　　　确定
□ 应用画布边界的效果　　　取消

图8-116

▶10 单击"确定"按钮关闭对话框，将选区向外扩展一定的距离，结果如图8-117所示。

图8-117

▶11 在文字组下方新建一个图层，在选区内填充任意色，如图8-118所示。

图8-118

12 双击"填色"图层，在"图层样式"对话框中添加"渐变叠加"样式，参数设置如图8-119所示。

图8-119

13 单击"确定"按钮关闭对话框，效果如图8-120所示。

图8-120

8.4.3 添加装饰元素

01 导入"背景.png"文件，放置在文字的下方，如图8-121所示。

02 导入"配饰.png"文件，调整尺寸后放置在合适的位置，如图8-122所示。

03 按住Ctrl键单击"配饰"图层的缩略图，创建选区，如图8-123所示。

04 暂时关闭"配饰"图层。在"配饰"图层的

下方新建一个图层，按快捷键Alt+Delete填充前景色（#0d2d89），如图8-124所示。

图8-121

图8-122

图8-123

图8-124

05 执行"滤镜"|"模糊"|"动感模糊"命令，在"动感模糊"对话框中设置"角度""距离"参数，如图8-125所示。

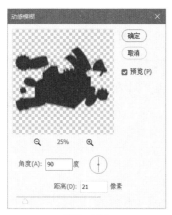

图8-125

▶**06** 单击"确定"按钮关闭对话框。打开"配饰"图层，为该图层添加阴影，效果如图8-126所示。

图8-126

▶**07** 从Midjourney的出图结果中选择合适的一张，裁剪后去除背景，将其导入场景中，调整尺寸与位置，如图8-127所示。

图8-127

▶**08** 双击"人物"图层，在"图层样式"对话框中添加"投影"样式，参数设置如图8-128所示。

图8-128

▶**09** 单击"确定"按钮关闭对话框，为人物添加投影，效果如图8-129所示。

图8-129

▶**10** 在人物的上方添加"曲线"调整图层，调整曲线，如图8-130所示。

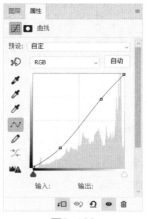

图8-130

▶**11** 增强人物的明暗对比，效果如图8-131所示。

▶**12** 导入"红包.png"素材，调整尺寸后放置在文字的下方，如图8-132所示。

▶13 导入"模型.png"素材，放置在人物的上方，如图8-133所示。

图8-131

图8-132　　　　　　　图8-133

▶14 选择"横排文字工具"**T**，选择字体与字号，在模型上方输入白色文字，如图8-134所示。

图8-134

▶15 选择"矩形工具"□，设置任意填充色，描边为无，自定义圆角半径，拖曳光标绘制矩形，如图8-135所示。

▶16 双击矩形，在"图层样式"对话框中添加"内发光"样式，参数设置如图8-136所示。

图8-135　　　　　　　图8-136

▶17 添加"渐变叠加"样式，参数设置如图8-137所示。

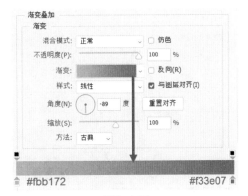

图8-137

▶18 单击"确定"按钮关闭对话框，为矩形添加样式，效果如图8-138所示。

图8-138

▶19 选择矩形并向内复制，调整尺寸与位置，删除原有的图层样式，如图8-139所示。

图8-139

▶20 双击修改后的矩形，在"图层样式"对话框中添加"描边"样式，参数设置如图8-140所示。

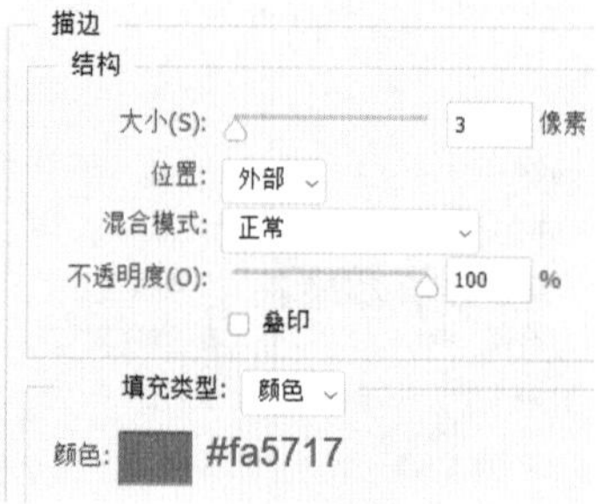

描边

结构

大小(S): 3 像素

位置：外部

混合模式：正常

不透明度(O): 100 %

☐ 叠印

填充类型：颜色

颜色: #fa5717

图8-140

▶21 继续添加"内发光"样式与"渐变叠加"样式，参数设置如图8-141所示。

内发光

结构

混合模式：滤色

不透明度(O): 47 %

杂色(N): 0 %

#fd964a

图素

方法：柔和

源：○ 居中(E) ● 边缘(G)

阻塞(C): 14 %

大小(S): 5 像素

品质

等高线： ☐ 消除锯齿(L)

范围(R): 50 %

抖动(J): 0 %

设置为默认值   复位为默认值

图8-141

渐变叠加

渐变

混合模式：正常   ☐ 仿色

不透明度(P): 100 %

渐变：   ☐ 反向(R)

样式：线性   ☑ 与图层对齐(I)

角度(N): -89 度   重置对齐

缩放(S): 100 %

方法：古典

#fffefa   #feeb9b

图8-141（续）

▶22 单击"确定"按钮关闭对话框，为矩形添加样式，效果如图8-142所示。

图8-142

▶23 绘制一个任意色（如红色）的圆角矩形，如图8-143所示。

图8-143

▶24 为其添加"内发光""渐变叠加"图层样式，如图8-144所示。

▶25 继续在左上角绘制矩形，并为其添加图层样式，最终结果如图8-145所示。

▶26 切换至"横排文字工具" **T**，选择合适的字体与字号，输入白色的文字，如图8-146所示。

图8-144　　　　　　　图8-145　　　　　　　图8-146

▶27 双击"文字"图层，在"图层样式"对话框中添加"渐变叠加"样式，参数设置如图8-147所示。

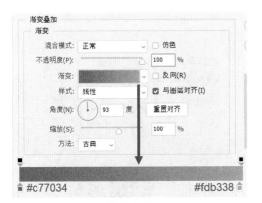

图8-147

▶28 单击"确定"按钮关闭对话框，为文字添加样式，效果如图8-148所示。

图8-148

▶29 按快捷键Ctrl+J复制"文字"图层，修改文

字的颜色为白色，按键盘上的方向键调整文字方向，如图8-149所示。

图8-149

▶30 双击"白色文字"图层，在"图层样式"对话框中添加"渐变叠加"样式，参数设置如图8-150所示。

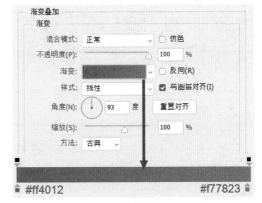

图8-150

▶31 为文字添加渐变叠加，效果如图8-151所示。

图8-151

▶32 使用"横排文字工具"**T**，继续输入其他文字信息，结果如图8-152所示。

图8-152

▶33 复制绘制结果，等距排列，并修改关键信息，结果如图8-153所示。

图8-153

8.4.4 最终结果

导入"二维码.png"文件，放置在场景的左侧，如图8-154所示。在二维码的下方绘制矩形、输入文字信息，最终完成绘制，结果如图8-155所示。

图8-154

图8-155

8.5 游戏字体：游戏海报字体

在本节中介绍游戏海报字体的绘制。在Midjourney中制作科幻背景，将需要在画面中出现的元素逐一写出，等待系统生成图像。需要注意的是，系统并不总能正确地识别关键词，需要用户多次出图，并且调整关键词的输入方式，或者关键词的位置，直至得到满意的图像为止。

8.5.1　使用Midjourney制作科幻背景

在Midjourney中输入英文关键词"In the far view, there are undulating mountains, in the middle view, there is a shining planet, and in the close shot, there is a silhouette of a man wearing combat equipment, including birds, rocks, trees, science fiction scenes, and surreal photography, ultra high definition 8k --ar 4:3"，按Enter键，等待系统出图，结果如图8-156所示。

关键词的中文翻译为"远景是起伏的山脉，中景是闪耀的星球，近景是一个穿着作战装备的男人的背影、飞鸟、岩石、树木、科幻场景，超现实摄影，超高清，8k --ar 4:3"。

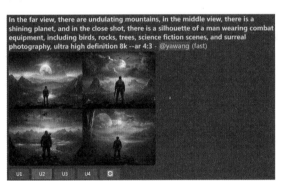

图8-156

在图像下方单击U2按钮，放大右上角的图像，结果如图8-157所示。将图像存储至计算机中，方便后续调用。

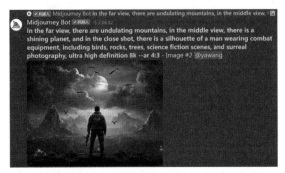

图8-157

8.5.2　在Photoshop中绘制游戏字体

▶01 在Photoshop中执行"新建"|"文件"命令，新建一个宽度为2390像素、高度为1790像素、分辨率为72像素/英寸的文档。

▶02 选择"横排文字工具"T，选择合适的字体与字号，输入黑色文字，如图8-158所示。

图8-158

▶03 选择文字，按快捷键Ctrl+T进入自由变换模式。按住Ctrl键，激活右下角的定界点，向左移动光标，倾斜文字，如图8-159所示。

图8-159

▶04 调整文字的间距与行距，结果如图8-160所示。

图8-160

▶05 选择"三角形工具"△，设置填充色为无，描边为黑色，自定义描边宽度，拖曳光标绘制三角形，如图8-161所示。

▶06 重复上述操作，继续绘制三角形，结果如图8-162所示。

▶07 选择两个三角形，按快捷键Ctrl+G成组，为组添加一个图层蒙版。将前景色设置为黑色，选择"画笔工具"✓，在蒙版上涂抹，避免三角形遮盖文字，如图8-163所示。

图8-161

图8-162

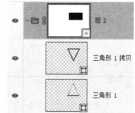

图8-163

▶08 选择文字与编辑完成的三角形,按快捷键Ctrl+E合并,重命名为"文字"。双击"文字"图层,在"图层样式"对话框中添加"描边""渐变叠加"样式,参数设置如图8-164所示。

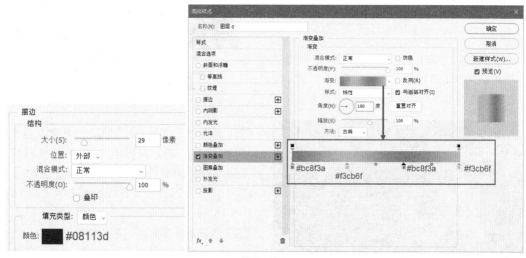

图8-164

▶09 单击"确定"按钮关闭对话框,为文字添加样式,效果如图8-165所示。

▶10 在"文字"图层下方新建一个图层，重命名为"涂抹"，将前景色设置为深蓝色（#08113d），选择"画笔工具" ✍ 进行涂抹，补齐图层描边无法覆盖的区域，如图8-166所示。

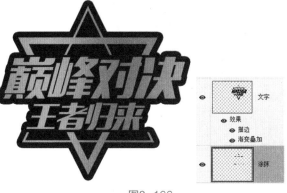

图8-165　　　　　　　　　　　　　　　　图8-166

▶11 选择"文字"图层，右击，在弹出的快捷菜单中选择"栅格化图层样式"选项，如图 8-167 所示，将图层样式与图层合并，重命名为"文字效果"。

▶12 双击"文字效果"图层，在"图层样式"对话框中添加"描边"样式，参数设置如图8-168所示。

重命名为"覆盖"，将前景色设置为深蓝色（#08113d），选择"画笔工具" ✍ 进行涂抹，补齐图层描边无法覆盖的区域，如图8-171所示。

图8-167　　　　　　　　图8-168

图8-170

▶13 添加"投影"样式，参数设置如图8-169所示。

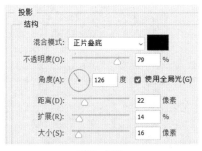

图8-169

▶14 单击"确定"按钮关闭对话框，为文字添加样式，效果如图8-170所示。

▶15 在"文字效果"图层上新建一个图层，

图8-171

▶16 导入"光亮.png"素材，将其放置在文字上方，如图8-172所示。

▶17 继续导入"红光.png""蓝光.png"素材，调整尺寸后放置在合适的位置，如图8-173所示。

图8-172

图8-173

8.5.3　最终结果

导入从Midjourney中生成的科幻背景，放置在文字的下方，最终结果如图8-174所示。

图8-174

8.6　字体设计练习

任意选择一种AI绘图工具，如Midjourney或者Stable Diffusion，输入关键词后等待系统出图。接

着在Photoshop中绘制创意文字，添加装饰元素，编排一张霜降节气海报，如图8-175所示。读者也可以按自己的设计构思，自行创作背景图，绘制合适的文字来制作节气海报。

图8-175

8.7　课后习题

在Midjourney中输入关键词创作背景图，然后在Photoshop中绘制广告文字，添加元素点缀画面，完成促销海报的绘制，如图8-176所示。读者也可以尝试制作卡通风格、扁平风格的背景，广告文字的样式也要与背景图像的风格一致，使画面效果整体和谐。

图8-176

第9章

综合实例

在本章中，使用Stable Diffusion与Midjourney制作背景图，再将背景图导入Photoshop中进行二次编辑，如调整尺寸、处理光影效果、添加装饰元素、图文排版等，最终得到想要的设计效果，如电影海报、电商Banner、营销长图、商业图像、运营插画。还可以根据实际情况，制作不同类型的图像效果。

9.1 平面设计：制作电影海报

本节使用Stable Diffusion制作背景，包括故宫背景、印刷版背景。输入关键词后再指定图像的风格，风格词如写实摄影风格、手绘风格、卡通风格等，如本节的图像风格为摄影风格，力求逼真。根据设计要求来输入图像尺寸，如1：2、3：4、5：3等，能够尽快地将图像应用到工作中。

9.1.1 使用Stable Diffusion创建背景图像

在Stable Diffusion中输入英文关键词"Aerial photography of the architectural complex of the Forbidden City in China, with saturated colors, blue sky and white clouds, photography, ultra high definition，8k"，单击右上角的"生成"按钮，等待片刻，查看出图效果。

关键词的中文翻译为"航拍中国紫禁城建筑群，色彩饱和，蓝天白云，摄影，超高清，8k"。

经过多次出图后，从出图结果中选择效果较好的四张展示，如图9-1所示。选择第一张图像作为例图。

图9-1

在Stable Diffusion中输入英文关键词"Red movable type printing board, undulating blocks, engraved with golden small seal script font, uneven effect, aerial photography ultra high definition 8k --ar 4:3",单击右上角的"生成"按钮,等待系统出图。

关键字的中文翻译为"红色活字印刷板,起伏的方块,刻有金色小篆字体,参差不齐,航拍,超高清,8k --ar 4:3"。

图9-2所示为出图结果中的4张图像,选择第一张图像为例图。

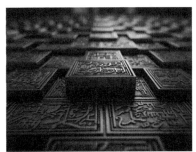

图9-2

9.1.2 在Photoshop中添加背景

▶01 在Photoshop中执行"新建"|"文件"命令,新建一个宽度为42厘米、高度为60厘米、分辨率为300像素/英寸的文档,然后为"背景"图层填充黑色。

▶02 导入"星空.png"素材,放置在文档中,如图9-3所示。

图9-3

▶03 为"星空"图层添加图层蒙版,将前景色设置为黑色,选择"画笔工具"✐,在蒙版上涂抹,隐藏星空图像的边界,如图9-4所示。

图9-4

▶04 在"星空"图层的上方添加"色相/饱和度"图层,调整"色相"参数,如图9-5所示。

▶05 观察星空的变化,如图9-6所示。

▶06 导入从Stable Diffusion中创作的故宫图像,将其放置在合适的位置,如图9-7所示。

▶07 为"故宫"图层添加图层蒙版,将前景色设置为黑色,选择"画笔工具"✐,在蒙版上涂抹,隐藏故宫图像的边界,如图9-8所示。

图9-5

图9-6

图9-7

图9-8

▶08 在"故宫"图层上添加"曲线"调整图层，调整曲线参数，如图9-9所示。

▶09 降低图像的明度，结果如图9-10所示。

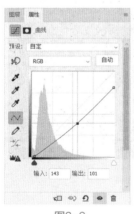
图9-9

图9-10

▶10 在"故宫"图层的上方添加三个图层，将前景色设置为黄色（#fff280），使用"画笔工具" 在图层上涂抹，增强画面的光影效果，如图9-11所示。其中"光影"图层和"光影3"图层

的"混合模式"为"叠加"。

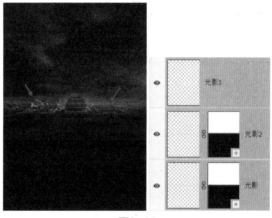
图9-11

▶11 导入从Stable Diffusion中创作的活字印刷图像，调整尺寸后放置在页面的下方，如图9-12所示。

▶12 为"活字印刷"图层添加图层蒙版，将前景色设置为黑色，选择"画笔工具" ，在蒙版上涂抹，隐藏活字印刷图像的边界，如图9-13所示。

图9-12

图9-13

▶**13** 在"活字印刷"图层上创建3个新图层，使用"画笔工具"✐在图层上涂抹，加重画面的阴影效果，如图9-14所示。

添加"内发光"样式，参数设置如图9-16所示。

▶**16** 继续添加"外发光"样式，设置"混合模式"为"滤色"，设置"不透明度"为55%，其他参数设置如图9-17所示。

▶**17** 单击"确定"按钮关闭对话框，为月亮添加光影，效果如图9-18所示。

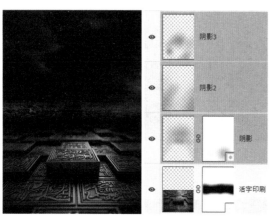

图9-14

▶**14** 导入"月亮.png"素材，放置在空中，如图9-15所示。

▶**15** 双击"月亮"图层，在"图层样式"对话框中

图9-15

图9-16

图9-17

图9-18

9.1.3 在Photoshop中添加人物与文字

▶**01** 导入"人物.png"素材，放置在凸起的方块上，如图9-19所示。

▶**02** 在"人物"图层的下方新建两个图层，将前景色设置为黑色，选择"画笔工具"✐，在图层上涂抹，绘制人物的投影，如图9-20所示。

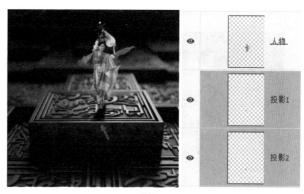

图9-19   图9-20

▶03 在"人物"图层上新建两个图层，将前景色设置为黄色（#fff280），选择"画笔工具" ✐，在人物上涂抹，增加人物的亮度，如图9-21所示。

▶04 继续新建两个图层，将"混合模式"设置为"柔光"，设置前景色为黑色，选择"画笔工具" ✐，在人物上涂抹，增强人物的暗影效果，如图9-22所示。

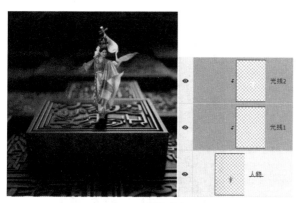

图9-21   图9-22

▶05 最后添加"曲线"调整图层，整体调整人物的光影效果，如图9-23所示。

▶06 人物的调整效果如图9-24所示。

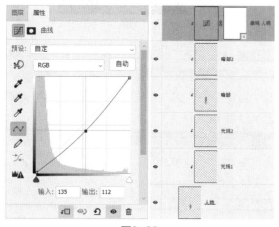

图9-23   图9-24

▶07 选择"横排文字工具" Ｔ，选择楷书字体，自定义字号，输入白色文字，如图9-25所示。为了方便编辑文字，选择单独输入每个文字。

图9-25

> **提示** 添加多个图层来绘制亮部与暗部，是为了得到更加细腻的效果。

▶08 为每个"文字"图层添加图层蒙版，将前景色设置为黑色，选择"画笔工具"✐，在蒙版上涂抹，为文字添加暗影效果，如图9-26所示。

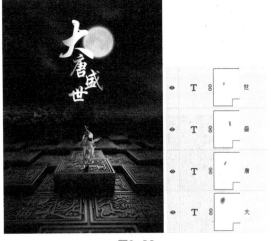

图9-26

▶09 将人物及与之相关的图层全部选中，按快捷键Ctrl+G成组。在组之上新建图层，选择"画笔工具"✐在图层上涂抹，增强月光表现效果，同时为画面添加暗影，如图9-27所示。

图9-27

9.1.4 最终结果

▶01 导入"闪亮.png"素材，放置在人物之上，如图9-28所示。

图9-28

▶02 更改"闪亮"图层的"混合模式"为"滤色"，添加图层蒙版，将前景色设置为黑色，选择"画笔工具"✐，在蒙版上涂抹，调整结果如图9-29所示。

▶03 在"闪亮"图层的下方新建三个图层，将前景色设置为黄色（#fff280），选择"画笔工具"✐，在画面上涂抹，增加场景的亮度，如图9-30所示。

▶04 导入"孔明灯.png"素材，放置在画面中间，如图9-31所示。

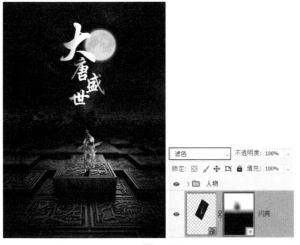

图9-29

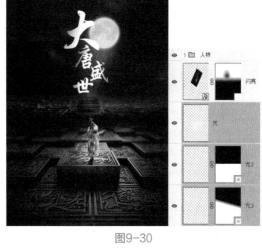

图9-30

图9-31

▶05 依次添加"曲线""色彩平衡"调整图层，参数设置如图9-32所示。

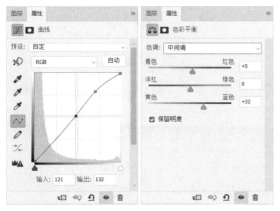

图9-32

▶06 电影海报的最终结果如图9-33所示。

图9-33

9.2 电商设计：制作电商Banner

本节介绍制作七夕节电商促销Banner的方法。七夕节是中国的传统节日，所以在制作背景时，使用卡通风格表现中国传统元素，包括红色的圆拱桥、亭台楼阁、梅花、远山等。在撰写关键词时将需要的元素添加进去即可。重点介绍主标题与副标题的做法，包括文字效果的添加、装饰元素的绘制等。

9.2.1 使用Midjourney创建中国风背景

在Midjourney中输入英文关键词"The distant view features pavilions and high mountains, while the close shot features Chinese palace architecture, stone arch bridges, blooming plum blossoms, Pixar style, 3D, cartoon style, Hayao Miyazaki, C4D, octane rendering, ultra-high definition, 8k --ar 5:3 --niji 5",按Enter键,等待系统出图,结果如图9-34所示。

关键词的中文翻译为"远景是亭台楼阁和高山,近景是中国宫殿建筑,石拱桥,盛放的梅花,皮克斯风格,3D,卡通风格,宫崎骏,C4D,辛烷值渲染,超高清,8k --ar 5:3 --niji 5"。

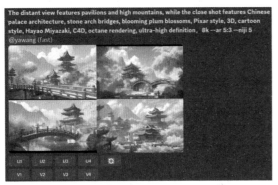

图9-34

9.2.2 绘制主标题

▶01 在Photoshop中执行"文件"|"新建"命令,新建一个宽度为1920像素、高度为900像素、分辨率为100像素/英寸的文档。

▶02 选择"横排文字工具" T,选择宋体,指定合适的字号,输入黑色主标题文字,如图9-35所示。

七夕礼遇季

图9-35

▶03 双击"文字"图层,在"图层样式"对话框中选择"渐变叠加"样式,参数设置如图9-36所示。

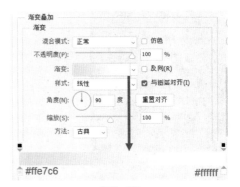

图9-36

▶04 单击"确定"按钮关闭对话框,文字效果如图9-37所示。

图9-37

▶05 按快捷键Ctrl+J复制"文字"图层,重命名为"七夕礼遇季2",删除"渐变叠加"样式,更改文字颜色为白色,添加"投影"样式,参数设置如图9-38所示。

图9-38

▶06 单击"确定"按钮关闭对话框,添加投影效果后文字显示如图9-39所示。

图9-39

▶07 按快捷键Ctrl+J复制文字，重命名为"七夕礼遇季3"，添加"描边"样式，并修改"投影"样式的参数，如图9-40所示。

▶08 单击"确定"按钮关闭对话框，文字效果如图9-41所示。

图9-40   图9-41

▶09 选择三个文字图层，按快捷键Ctrl+G成组，重命名为"标题"。双击组，在"图层样式"对话框中添加"斜面和浮雕"样式以及"描边"样式，参数设置如图9-42所示。

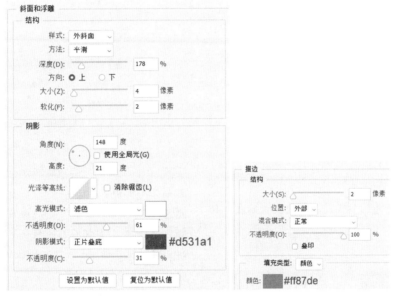

图9-42

▶10 单击"确定"按钮关闭对话框，此时文字的效果如图9-43所示。

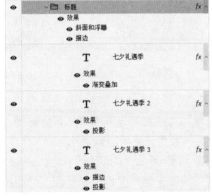

图9-43

9.2.3 绘制副标题

▶01 选择"椭圆工具" ，按住Shift键绘制任意颜色的正圆，如图9-44所示。

图9-44

▶02 双击"形状"图层，在"图层样式"对话框中添加"描边"样式，参数设置如图9-45所示。

图9-45

▶03 添加"渐变叠加"样式，参数设置如图9-46所示。

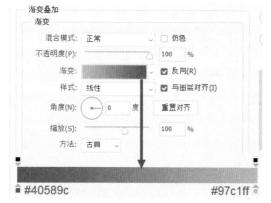

图9-46

▶04 单击"确定"按钮关闭对话框，此时正圆的显示效果如图9-47所示。

▶05 继续绘制填充色为洋红色（# f780d5）的正圆，绘制结果如图9-48所示。

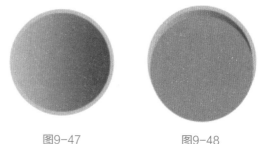

图9-47   图9-48

▶06 双击"形状"图层，在"图层样式"对话框中添加"内阴影"样式，参数设置如图9-49所示。

图9-49

▶07 单击"确定"按钮关闭对话框，正圆的显示效果如图9-50所示。

▶08 选择"椭圆工具" ，设置填充色为无，描边为浅橙色（#ffd6a3），自定义描边宽度，按住Shift键拖曳光标绘制圆圈，如图9-51所示。

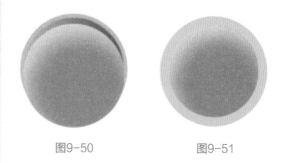

图9-50   图9-51

▶09 双击"形状"图层，在"图层样式"对话框中添加"斜面和浮雕"样式，并选择"等高线"选项，参数设置如图9-52所示。

▶10 继续添加"内阴影"样式，修改"混合模式"的填充色，并调整"角度""距离"等选项值，如图9-53所示。

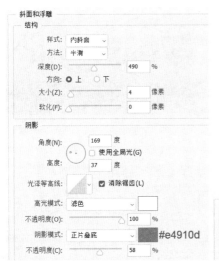

图9-52

图9-53

11 选择"内发光"样式，分别设置"混合模式""不透明度"等参数，如图9-54所示。

12 单击"确定"按钮关闭对话框，为圆圈添加样式的结果如图9-55所示。

字号，在圆形内输入白色文字，如图9-57所示。

图9-57

15 双击"文字"图层，在"图层样式"对话框中添加"渐变叠加"样式，参数设置如图9-58所示。

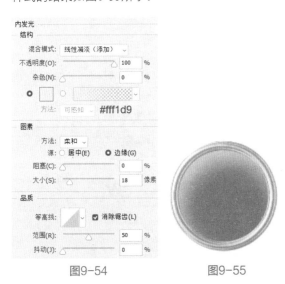

图9-54　　　　　　图9-55

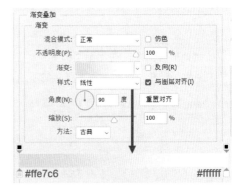

图9-58

16 单击"确定"按钮关闭对话框，文字显示效果如图9-59所示。

13 选择绘制完成的图形，按住Alt键移动复制，并且水平中心对齐，结果如图9-56所示。

图9-56

14 选择"横排文字工具"**T**，选择宋体，自定义

图9-59

▶17 选择"矩形工具"▭，设置填充色为洋红色（#ef66c1），描边为渐变色，参数设置如图9-60所示，自定义描边宽度。

图9-60

▶18 输入合适的圆角半径值，拖曳光标绘制圆角矩形，如图9-61所示。

图9-61

▶19 双击"矩形"图层，在"图层样式"对话框中添加"内阴影"样式，参数设置如图9-62所示。

图9-62

▶20 单击"确定"按钮关闭对话框，为矩形添加样式后，效果如图9-63所示。

▶21 选择"横排文字工具"Ｔ，选择黑体，自定义字号，在矩形内输入白色文字，其中阿拉伯数字需要加粗显示，如图9-64所示。

图9-63

图9-64

▶22 双击"文字"图层，在"图层样式"对话框中添加"斜面和浮雕"样式，参数设置如图9-65所示。

图9-65

▶23 继续添加"投影"样式，参数设置如图9-66所示。

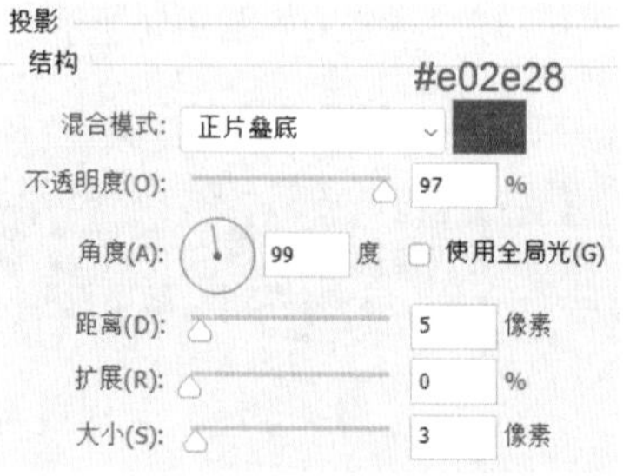

图9-66

>24 单击"确定"按钮关闭对话框，文字的显示效果如图9-67所示。

图9-67

9.2.4 最终结果

从Midjourney的出图结果中选择合适的一张图像作为背景图，将绘制完毕的文字放置在背景图的左侧，Banner的绘制结果如图9-68所示。

图9-68

9.3 UI设计：制作营销长图

本节介绍营销长图的绘制。以露营为主题的营销长图，可以在背景图中添加露营的相关元素来突显主题。利用微缩景观小场景来展示露营主题，在输入关键词时添加图像风格的描述，系统会根据关键词创作图像。多次出图后选择满意的一张即可。

9.3.1 使用Midjourney创建露营场景

在Midjourney中输入英文关键词"Mini clay freeze frame animation, tents, bicycles, sun umbrellas, lounge chairs, bonfires, green trees, mini world mini landscapes, tilting movements, rich colors, in summer, super detailed scenes, soft renderings, blue, pink,

yellow, popular, OC, Isoangle, C4D, ultra-high definition 8k --ar 3:4"，按Enter键，等待片刻，查看出图结果，如图9-69所示。

关键词的中文翻译为"迷你黏土定格动画，帐篷、自行车、太阳伞、躺椅、篝火、绿树、迷你世界和迷你景观，倾斜运动，丰富的色彩，在夏天，超级详细的场景，柔和的渲染，蓝色，粉红色，黄色，流行，OC，Isoangle，C4D，ultra-high definition 8k --ar 3:4"。

图9-69

单击出图结果左下角的U1按钮，放大左上角的图像，结果如图9-70所示。选择该图为营销长图的背景图。

图9-70

9.3.2 在Photoshop中进行图文排版

>01 在Photoshop中执行"文件"|"新建"命令，新建一个宽度为750像素、高度为6840像素、分辨率为72像素/英寸的文档。

>02 导入选定的图像，将其放置在文档上方，与文档顶边间隔一定的距离，如图9-71所示。

>03 选择"矩形选框工具"，框选空白区域与部分图像，在上下文任务栏中单击"创成式填充"按钮，如图9-72所示。

图9-71 　　　　　　　　图9-72

▶04 稍等片刻，观察填充结果，如图9-73所示。

图9-75　　　　　　　　图9-76

图9-73

▶05 切换至"矩形工具"  ，选择填充色为绿色（#3ab759），描边为无，自定义左上角与右下角的圆角半径，拖曳光标绘制矩形，如图9-74所示。

▶06 更改填充色为深绿色（#0d8e2d），描边为无，自定义圆角半径，绘制圆角矩形，如图9-75所示。

▶07 选择矩形，按住Alt键复制，更改填充色为白色，使其叠加在深绿色矩形之上，如图9-76所示。

▶08 双击"白色圆角矩形"图层，在"图层样式"对话框中添加"内阴影"样式，参数设置如图9-77所示。

▶09 单击"确定"按钮关闭对话框，矩形的显示效果如图9-78所示。

图9-77　　　　　　　　图9-78

▶10 切换至"矩形工具"  ，设置填充色为黄色（#fbd121）与深绿色（#0d8e2d），描边为无，自定义圆角半径，拖曳光标绘制圆角矩形，如图9-79所示。

▶11 选择绘制完成的两个矩形，按住Alt键向下移动复制，结果如图9-80所示。

图9-74

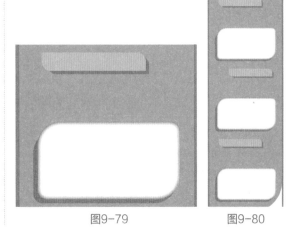

图9-79　　　　　　　　图9-80

▶12 选择"钢笔工具" ☑，设置填充色为深绿色（#0d8e2d），描边为无，指定锚点绘制山体，如图9-81所示。

▶13 导入图像素材，放置在"矩形"图层上方。在"图像"图层与"矩形"图层之间按住Alt键单击，创建剪贴蒙版，使图像限制在矩形内显示，如图9-82所示。

图9-81 　　　　　图9-82

▶14 选择"横排文字工具" ▥，选择黑体，自定义字号，分别输入白色与黑色的文字，如图9-83所示。

▶15 选择"钢笔工具" ☑，设置填充色为无，描边为白色，线形为虚线，在"露营地点"的下方绘制曲线，如图9-84所示。

图9-83 　　　　　图9-84

▶16 选择"三角形工具" ◁，在虚线的端点绘制白色三角形，如图9-85所示。

▶17 重复上述操作，分别绘制黑色的曲线与三角形组成指示符号，结果如图9-86所示。

图9-85 　　　　　图9-86

▶18 选择山体与标题文字，按住Alt键向下移动复制。修改山体的填充色为浅灰色（#d9d9d9），修改标题为"露营装备"，指示符号的颜色为黑色，包括虚线与三角形，如图9-87所示。

▶19 切换至"矩形工具" ▭，分别绘制填充色为黄色（#fbd121）与绿色（#0d8e2d）的矩形，绿色矩形作为投影放在下面，如图9-88所示。

图9-87 　　　　　图9-88

▶20 选择"横排文字工具" **T**，选择黑体，设置合适的字号，输入黑色文字，如图9-89所示。

图9-89

▶21 修改文字颜色为灰色，在右下角输入引号，如图9-90所示。

图9-90

▶22 选择"矩形工具" ，设置填充色为绿色（#3ab759），描边为无，自定义圆角半径，拖曳光标绘制圆角矩形，如图9-91所示。

▶23 选择山体与标题文字，按住Alt键向下移动复制，修改山体颜色与文字内容，结果如图9-92所示。

▶24 选择"矩形工具" ，分别绘制黄色（#fbd121）与绿色（#0d8e2d）的矩形，绿色矩形作为投影放在下面，如图9-93所示。

▶25 选择"横排文字工具" **T**，选择黑体，设置合适的字号，输入黑色文字，如图9-94所示。

图9-91

图9-93

图9-92

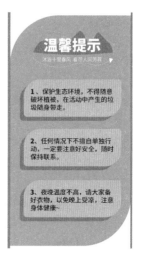

图9-94

▶26 选择"椭圆工具" ，设置填充色为绿色（#0d8e2d），描边为无，按住Shift键拖曳光标绘制正圆，放置在数字编号的下方，如图9-95所示。

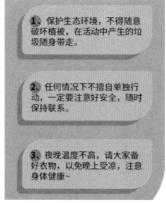

图9-95

▶27 导入"二维码.png"文件,调整尺寸后放在
文档的下方,如图9-96所示。

图9-96

▶28 双击二维码所在的图层,在"图层样式"对话
框中添加"描边"样式,参数设置如图9-97所示。

图9-97

▶29 单击"确定"按钮关闭对话框,为二维码添
加描边,效果如图9-98所示。

图9-98

▶30 切换至"横排文字工具",选择黑体,自
定义字号,在二维码的下方输入文字,如图9-99
所示。

图9-99

▶31 选择"钢笔工具",设置填充色为无,描
边为黑色,线形为虚线,自定义描边大小,放置
锚点绘制曲线,如图9-100所示。

图9-100

▶32 导入"燕子.png""花.png"素材,调整尺寸
后放在合适的位置,如图9-101所示。

图9-101

▶33 重复操作,将"花.png"素材放置在页面的
上方,如图9-102所示。

图9-102

▶**34** 切换至"横排文字工具" **T**，选择合适的字体与字号，输入白色文字，如图9-103所示。

图9-103

▶**35** 选择文字，按住Alt键移动复制，并修改文字的颜色为黑色，如图9-104所示。

图9-104

▶**36** 选择"横排文字工具" **T**，选择合适的字体与字号，输入绿色（#3ab759）的英文，按住Alt键

复制英文，将其颜色修改为黄色（#fbd121），黄色的文字放在下方表示投影，如图9-105所示。

图9-105

▶**37** 选择"矩形工具" ▢，设置填充色为黄色（#fbd121）与绿色（#3ab759），描边为无，自定义圆角半径，拖曳光标绘制圆角矩形，如图9-106所示。

图9-106

▶**38** 选择"横排文字工具" **T**，选择黑体，自定义字号，在矩形上输入编号与文字，如图9-107所示。

图9-107

9.3.3 最终结果

限于篇幅，无法在书中完整展示营销长图，在图9-108中将其分别展示。完整结果请查看本书配套资源第9章9.3节。

图9-108

9.4 图像处理：制作商业图像

本节介绍利用图像合成的技法制作一幅商业图像。在Midjourney中创作城市夜景，图像与所需尺寸有所出入，此时可以利用Photoshop中的创成式填充功能，一键填充图像，无缝接合。最后添加装饰元素，如人像、星球。通过调整图层的混合模式，可以得到富有创意的视觉效果。

9.4.1 使用Midjourney创建城市夜景

在Midjourney中输入英文关键词"Aerial photography of the night view of city, with dazzling lights and ultra wide angle lenses, photography, ultra-high definition 8k --ar 5:3"，按Enter键稍等片刻，查看系统的创作结果，如图9-109所示。

关键词的中文翻译为"航拍城市夜景，耀眼的灯光，超广角镜头，摄影，超高清8k --ar 5:3"。

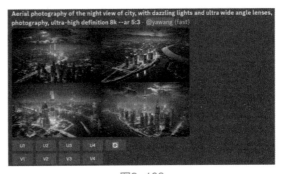

图9-109

9.4.2 在Photoshop中添加元素

▶01 在Photoshop中执行"文件"|"新建"命令，新建一个宽度为3500像素、高度为2000像素、分辨率为100像素/英寸的文档。

▶02 从Midjourney的出图结果中选择合适的一张，裁剪后导入进来，调整尺寸与位置，如图9-110所示。

▶03 选择"矩形选框工具"▭，框选白色背景与部分图像，如图9-111所示。

图9-110

图9-112

图9-111

图9-113

▶04 在上下文任务栏中单击"创成式填充"按
钮，接着单击"生成"按钮，稍等片刻，查看填
充结果，如图9-112所示。

▶05 继续在右侧绘制矩形选框，框选背景与部分
图像，如图9-113所示。

▶06 执行创成式填充的结果如图9-114所示。此时图
像的尺寸与背景尺寸一致，可以进行下一步的操作。

▶07 在"图像"图层上添加"曲线"调整图层，
调整曲线，增强图像的明暗对比效果，如图9-115
所示。

图9-114

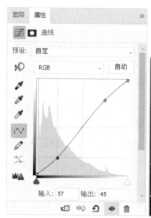

图9-115

▶08 导入"人物.png"素材，放置在图像上，如图9-116所示。

▶09 更改"人像"图层的"混合模式"为"叠加"，效果如图9-117所示。

▶10 按快捷键Ctrl+J复制"人像"图层，重命名为"人像2"。更改图层的"混合模式"为"叠加"，效果如图9-118所示。

▶11 导入"星球.png"素材，放置在最上层，结果如图9-119所示。

图9-116

图9-117

图9-118

图9-119

▶12 为"星球"图层添加图层蒙版，设置前景色为黑色。选择"画笔工具"，在蒙版上涂抹，结果如图9-120所示。

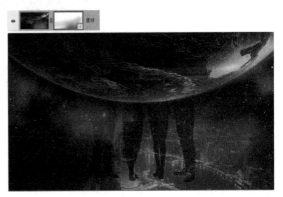

图9-120

▶13 更改"星球"图层的"混合模式"为"滤色"，效果如图9-121所示。

171

▶14 导入 "人物3.png" 素材，放置在最上层，如图9-122所示。

图9-121 　　　　　　　　　　　　　　　　　图9-122

▶15 更改 "人物3" 图层的 "混合模式" 为 "滤色"，降低 "不透明度" 为6%，效果如图9-123所示。

▶16 导入 "光亮.png" 素材，放置在画面中间，如图9-124所示。

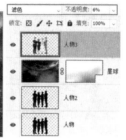

图9-123 　　　　　　　　　　　　　　　　　图9-124

9.4.3　最终结果

最后添加 "曲线" 调整图层，调整曲线参数，增强画面表现效果，最终结果如图9-125所示。

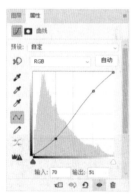

图9-125

9.5　插画设计：开学在即运营插画

本节介绍运营插画的绘制方法。将插画风格确定为平面插图，因此在Midjourney中输入关键词时添加 "平面插图" 限定词，可以将出图结果限制在指定的范围内。另外根据需要，添加更多附属关键词，使最终的出图结果符合用户使用需求。

9.5.1 使用Midjourney创建卡通人物图

在Midjourney中输入英文关键词 "A cute little girl carrying a backpack walking on the road, with a happy expression, facial close-up, bust, close-up, light tones, bold white lines and blue background, simple details, Keith Haring style minimalist graffiti, bold outline style, and flat illustrations，ultra high definition 8k --ar 4:3"，按Enter键，等待片刻，查看出图结果，如图9-126所示。如果对出图结果不满意，可以再次出图，或者调整关键词后再出图。

关键词的中文翻译为 "一个可爱的小女孩背着书包走在路上，开心的表情，面部特写，半身像、近景、浅色调，白色大胆的线条和蓝色的背景，简单的细节，Keith Haring风格的极简涂鸦，大胆的轮廓风格，平面插图，超高清 8k --ar 4:3"。

图9-126

9.5.2 在Photoshop中进行图文排版

▶**01** 在Photoshop中执行 "文件" | "新建" 命令，新建一个宽度为5400像素、高度为2205像素、分辨率为300像素/英寸的文档。

▶**02** 将前景色设置为粉红色（#fec4ff），按快捷键Alt+Delete填充前景色，如图9-127所示。

图9-127

▶**03** 新建一个图层，选择 "矩形选框工具" ⬚，拖曳光标绘制一个矩形选框。将前景色设置为白色，切换至 "渐变工具" ▣，选择 "从前景色至透明" 样式，拖曳光标在选框内绘制线性渐变，如图9-128所示。

图9-128

▶**04** 选择 "矩形工具" ▢，将填充色设置为紫色（#e5c7ff），描边为黑色，自定义描边宽度与圆角半径，拖曳光标绘制圆角矩形，如图9-129所示。

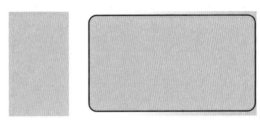

图9-129

▶**05** 按快捷键Ctrl+J，复制 "矩形" 图层，并调整矩形的尺寸，与在上一步骤中绘制的矩形居中对齐，如图9-130所示。

图9-130

▶**06** 导入 "白色条纹.png" 素材，放置在矩形上，结果如图9-131所示。

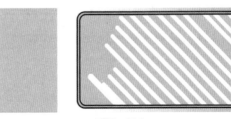

图9-131

▶07 选择"矩形工具"▢，将填充色设置为蓝色
（#c0f6ff），描边为无，拖曳光标绘制矩形，如
图9-132所示。

图9-132

▶08 导入"圆点.png"素材，放置在蓝色矩形
上，如图9-133所示。

图9-133

▶09 切换至"矩形工具"▢，设置填充色为
白色，描边为无，拖曳光标绘制白色矩形，如
图9-134所示。

图9-134

▶10 导入"青圆点.png"素材，放置在白色矩形
上，如图9-135所示。

▶11 选择"钢笔工具"✎，将描边设置为黑色，
分别绘制实线与虚线，如图9-136所示。

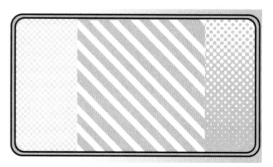

图9-135

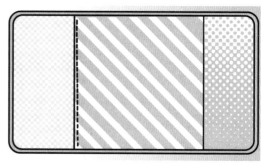

图9-136

▶12 选择"矩形工具"▢，将填充色设置为洋红
色（#ff81ea），描边为黑色，自定义描边宽度与
圆角半径，拖曳光标绘制圆角矩形，如图9-137
所示。

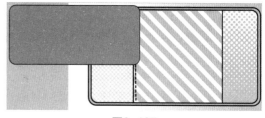

图9-137

▶13 按快捷键Ctrl+J复制洋红色的矩形，向内缩
放，将其填充色更改为黄色（#ffe990），描边属
性不变，调整圆角半径值，操作结果如图9-138
所示。

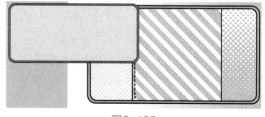

图9-138

▶14 选择"矩形工具" ▢ ，绘制描边为黑色，填充色为彩色的圆角矩形，并等距排列，如图9-139所示。

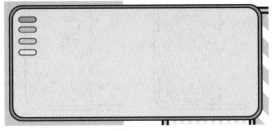

图9-139

▶15 导入"箭头.png"素材，放置在右下角，如图9-140所示。

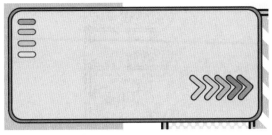

图9-140

▶16 导入"书本.png"素材，放置在左上角，如图9-141所示。

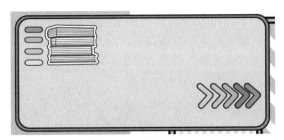

图9-141

▶17 导入"文字.png"素材，调整尺寸后放置在矩形中，如图9-142所示。

图9-142

▶18 重复操作，继续导入"文字2.png"素材，放置在"文字.png"素材上，按键盘上的方向键调整文字的位置，错落放置，如图9-143所示。

图9-143

▶19 导入"文字3.png"素材，放置结果如图9-144所示。

图9-144

▶20 继续导入文字素材，叠加放置，最终效果如图9-145所示。

图9-145

▶21 导入"闹钟.png"素材，调整尺寸后放置在文档的右下角，如图9-146所示。

图9-146

▶**22** 选择"矩形工具" ，将填充色设置为洋红色（#ff49a3），描边为黑色，自定义描边宽度与圆角半径，拖曳光标绘制圆角矩形，如图9-147所示。

▶**23** 按快捷键Ctrl+J复制矩形，修改填充色为粉红色（#ff98db），其他属性不变，按键盘上的方向键调整矩形的位置，错落放置，结果如图9-148所示。

图9-147　　　　　　　图9-148

▶**24** 选择"矩形工具" ，绘制白色矩形，修改"不透明度"为50%，旋转45°，按住Alt键移动复制多个副本，等距排列，效果如图9-149所示。

▶**25** 选择在上一步骤中创建的矩形，水平翻转方向，制作纹理效果，如图9-150所示。

图9-149　　　　　　　图9-150

▶**26** 新建一个图层，将前景色设置为橘红色（#ff4716），使用"画笔工具" 在矩形内写字，最后为文字添加黑色描边，结果如图9-151所示。

▶**27** 按住Alt键复制文字，修改填充色为蓝色（#98e6ff），按键盘上的方向键调整文字的方向，错落放置，如图9-152所示。

图9-151　　　　　　　图9-152

▶**28** 选择矩形与文字，按住Alt键向上复制，如图9-153所示。

图9-153

▶**29** 从Midjourney的出图结果中选择合适的一张，裁剪后导入Photoshop。在上下文任务栏中单击"移除背景"按钮，如图9-154所示，稍等片刻，等待系统去除图像背景。

图9-154

▶**30** 去除背景的效果如图9-155所示。

图9-155

▶31 将人物拖放至当前文档中，水平翻转，调整尺寸与位置，结果如图9-156所示。

图9-156

▶32 导入"飞机框架.png"素材，放置在人物的左侧，如图9-157所示。

图9-157

▶33 导入"飞机.png"素材，等距排列在框架内，如图9-158所示。

图9-158

▶34 导入"植物.png"素材，放置在人物两侧，如图9-159所示。

图9-159

9.5.3 最终结果

最后添加"早睡早起早养成才能适应开学季""你准备好了吗？"文字，分别放置在画面中，完成运营插画的绘制，如图9-160所示。

图9-160